遗世独立

珍稀濒危植物手绘观察笔记

殷　茜　著
出　离　绘
顾有容　审校

江苏凤凰科学技术出版社

序一

　　绝代有佳人，遗世而独立。来自中山植物园的植物保护研究者殷茜女士的这本《遗世独立》，笔下所描绘的却是大自然中的另一群"佳人"——来自山野深处的珍稀濒危植物。她以夯实的专业知识为骨，充满灵秀之气的文笔为肉，更辅以大量精准优美的手绘植物图，为我们展现出这一群绝代佳人所不为人知的旷世风采。

　　我们人类不该是大自然的主宰，也不是清高的旁观者或只赚不赔的生意人，我们应当是其中的一分子。这正是科普写作与生物绘画的精髓，也正是本书最值得为人称道之处。作者殷茜女士与出离女士，一个是行走于山间，追寻守护这些植物芳踪的专业学者，一个是十年如一日，以细笔潜心描摹花草形态的优秀画师。在她们笔下，植物不是被平淡地再现，而是被热情地讴歌，带着感情与它们对话。一花一鸟皆生命，一枝一叶总关情，但愿看画的人也能心存感恩、心怀眷恋，珍惜这些遗世独立的生命。

中国科学院昆明植物研究所教授级高级工程师

序二

多维度描述我们关注的植物

《遗世独立》这部别致的小书用文字和绘画两种方式描述了南京中山植物园中栽培的若干珍稀植物。在我看来，此书画作一流、文字清晰，颇难得。

时下，博物、生物多样性、环境保护类图书中更常见的组合是"照片 + 文字"，本书则是"手绘 + 文字"。两种方式各有所长，论难度和花费精力则后者超过前者。在人人能拍出清晰甚至漂亮照片的今日，对生命这些优雅的绘画呈现更加显得珍贵，因为它们来之不易，融入了更多的心意和技巧。

博物画指对自然物的描绘，是历史最为悠久的一个画种。古代岩画中相当部分是博物画，它是先民对日常生活中所遇到之自然物的一种艺术展现。这样一个画种在后来的美术发展史中地位时高时低。在人类中心主义占主导地位的社会中，绘画重点表现的是神、人而不是物，博物画整体而言不可能特别风光。中国古人的天人观念不同于西方，在绘画上也有体现：人仍然是中心，但人在画幅中通常所占面积不很大。有人说中国的博物画不讲究透视，精细程度不够，根本无法跟西方的相比。笼统看，此说有一定道理，但是细致考察并非完全如此，中国古人创作了相当多不输于西方的博物画作。不过，我倒愿意提及中国美术史对博物画不够重视的事实。工笔花鸟画、草虫画等在美术史中一定会涉及，但在许多画论、美术史家眼中，它们工匠意味深重，境界不很高。也就是说，在二阶评论中，美术史家、画家并不十分看重这类绘画。现在，或许要改变观念了。

我个人很晚才关注博物画，对其中的植物绘画更有兴趣。先后接触了雷杜德为卢梭《植物学通信》画的插图、英国邱园中舍伍德（Shirley Sherwood）植物画收藏、韦陀先生介绍的谢楚芳绘制的《乾坤生意图》、霍尔登（Edith Holden）的《一九〇六：英伦乡野手记》、田松送我的《自然之绘：普瑞斯戴尔父子的植物艺术画》（Drawn from Nature: The Botanical Art of Joseph Prestele and His Sons）、毕加索为布丰的《博物志》绘制的一批动植物插图，以及冯澄如、冯晋庸、冀朝祯、曾孝濂、杨建昆、马平、李爱莉、孙英宝、余天一、田震琼、李聪颖等人的一些画作。其中，《乾坤生意图》最令人震惊，它让我完全改变了对中国美术史的态度。

"一般说来，照片比绘画能更真实地反映大自然的状况，但是也不尽然"（《博物学文化与编史》，第 182 页）。通过绘画表现区域生态系统以及某一物种跨时空的特征结构（特别是繁殖器官的解剖结构及其他关键分类特征的特写），显示出较强的优势，至今仍然被广泛采用。比如，发表新种时，通常要附上反映物种关键特征的手绘图。这种时空交割设计，并非现代博物画原创。云南勐海曼宰龙佛寺僧舍壁画中，在一铺壁画中又分出三格、四格或五格，用一铺壁画即可表现一段佛经故事或地方文化传说的多个时空镜头。理论上，通过多幅摄影图片和后期 Photoshop 加工，也能实现在一幅画面上综合展示某种植物的多种重要特征，但是给人的感觉是有些生硬，不够美观，缺乏某种艺术味道。

本书中的植物绘画，是在认真观察植物自然生长状态的基础加以艺术创作的，较好展示了植物的分类特征，既真又美，令人赏心悦目。我特别喜欢其中的厚朴、秤锤树、珊瑚菜、伯乐树。对于盾叶薯蓣（Dioscorea zingiberensis）的描绘，我觉得应当增加对其茎缠绕方式的描绘，因为这也是一个重要的分类特征：它的茎向左旋转，即具有左手性。

感谢江苏凤凰科学技术出版社在 2019 年的盛夏为读者奉献了一部令读者长见识、感受自然之美和艺术之美的好书。

北京大学教授，博物学文化倡导者

前 言

　　在南京中山植物园里工作了近十年，开始也并不了解园中珍稀濒危的植物，只是出于对"珍稀濒危"这个定语的好奇，感觉它们是植物园中的宝贝。与普通的植物不同，它们更像是与世无争的山中隐士。然而，毕竟有"濒危"两个字在，这些隐士给我的第一印象并不是强壮健硕的青年人，而是有些羸弱的垂暮之人，属于它们的时代已经过去了吧……不然怎么就濒危了呢。

　　物以稀为贵，这几乎是一个放之四海而皆准的原则。出于这个原因，每每转园子，我便会提醒自己前去观察一番，久而久之便形成了习惯，好似与这些植物建立起了一种友谊。路过老朋友的家，是一定要登门造访的，多日不见，近来可无恙？若是碰巧遇见了花果期，我便赶快喜滋滋地拍下物候照片，时常也会有画下这一瞬间的冲动。这一日便会因为这件小事而充满莫名的喜悦，像收到老友予我的赠礼。

　　逐渐加深了解之后，我发现我对它们垂垂老矣，生活力衰弱，形色黯淡的最初印象有失偏颇。它们中有超凡脱俗、美艳不可方物的佳人，浑身散发着灵气；有见证沧海桑田的老者，带着时间的烙印精神矍铄地活着，笑而不语地注视着我们这些不懂事的晚辈；还有命运跌宕起伏的幸运儿，联系着戏剧性的偶然与奇迹般的必然，像跳脱的音符，灵动了生命的乐章……于是我想到了"遗世独立"四个字。一方面，这些植物在野外稀有，出落凡尘、并世无双；另一方面，尽管它们价值重大，生存告急，但不能为大众所熟知，就像神坛之上的宝藏，高冷有余、不接地气。因此，在这本珍稀濒危植物手绘观察笔记中，我希望能分享一个大众能接受的观察角度，让这些植物走下神坛，让大家看得见、认得出、想得到。

　　这里，我们再一次定义我们的观察力，重新回到孩提时代，无论是动的或者静的，大的或者小的，抽出一点时间来注视它，就像小时候蹲在地上看蚂蚁搬家那样，不刻意追求什么结果，只是观察，只为了好玩儿。孔子说"多识于鸟兽草木之名"，往大里说，从自然事物中可以感悟人生，往小里说，对自己观察过的东西，就会产生认识，是有好处的。

我时常认为，每一个物种就是一串特定的遗传代码，它们在残酷的生存游戏中的最终目的，就是将自己的代码传递并发扬下去。这些代码既精准又灵活，既保守又开放，在时间和空间条件苛刻地筛选中，大浪淘沙，形成了地球生物界现在广阔而复杂的样子。被列为珍稀濒危的植物是因为它们遗传代码的稀有性，这些植物很有可能在短时间内灭绝，它们稀有的遗传代码也将永远消失，这是我写此书的第一个目的——将这些稀有代码的表现型和它背后的故事介绍给大家。

本书中涉及的珍稀濒危等级的数据，主要来源于《世界自然保护联盟（IUCN）濒危物种红色名录》《中国国家重点保护野生植物名录》和《中国生物多样性红色名录·高等植物卷》，书中收录的植物也并不都是生活中罕见的种类，有的甚至很常见，一方面由于这些植物的野生资源是急需保护和价值重大的，另一方面也显示出植物保护工作正在取得成效。

其实，除了地质史上一些突发的灭绝事件之外，物种的生生灭灭本是一个自然的演化过程，但目前地球物种灭绝的速率远超地质历史上的任何时期，据估计，由于人类活动造成的影响，物种灭绝速度比自然灭绝速度快了 1000 倍，第六次物种大灭绝时期已经到来。根据世界自然保护联盟（IUCN）的统计，世界上已知的 30 万种高等植物中，已有 2 万种处于濒危状态，它们中的许多将会在 30 年后消失，还有很多没有那么幸运，尚未被发现的植物，很可能还没被命名就要消失了。

生物多样性是人类赖以生存和发展的基础。以植物为例，现已知的植物总数有 40 万 $\pm 10\%$ 种，它们的形态结构、生活习性以及对环境的适应性千差万别。从热带到寒带以至两极地带，从平地到高山，由海洋到大陆，到处都分布着植物。这些现象反映了植物界在漫长的岁月中，从水生到陆生，由低等到高等，多样性不断演化的过程。人类正受惠于生物多样性，生物多样性的保护与研究是我国的重大需求，减缓由于人为因素造成的生物灭绝速度，其实就是在保护我们自己。这是我写此书的第二个目的——让更多的人认识并参与到生物多样性保护的工作中去，让我们的孩子还能见到一个物种丰富、多姿多彩的地球。

殷茜

2018 年 12 月

目录

后记

163

宝华玉兰 *Yulania zenii*
青梢不老，明媚里藏春娇；鸟儿奔告，天地间涌花潮。一个好预兆。

宝华玉兰　江苏名片，新春寄语

　　一年四季，周而复始，但总有些事情能提醒我们时光正飞逝，比如偶遇了久未谋面、蹿了个子的孩子，或撞见了不经意间如期绽放的花朵。人这一生似乎有一个加速度，童年总是最漫长的，幼时的每一年都好像有一生那么长，成年以后，日子就变短了，一年比一年更短，日历翻飞不假思索，转瞬的工夫，十年完结。是谁往生活里添加了这把产生加速度的力？

　　年复一年，宝华玉兰（*Yulania zenii*）都一定会是那朵撞进我视线里的花，它总提醒着我新年要有新气象！

　　在南京，每年二月底三月初便迎来了玉兰科植物竞相绽放的日子，通常正值春节假期结束，新的工作年度伊始。这一时节春寒料峭，冻杀年少，可仍然有少数植物在此时盛放。它们是春天的先锋，比如梅花和玉兰。同样地不争春，不同的花枝俏，梅花星星点点，是朵朵颜色缀满枝；玉兰因为更加高大，所以具有更勃发的气势，是团团色块压彩云，而一棵树就可以是一片云了。在早春的木兰园里，云蒸霞蔚，由东向西，次第蒸腾出一片粉中带白的花潮。这种突如其来的繁荣，承载着新春的寄语和朦胧的梦，一扫人们心中积攒了整个秋冬的阴郁，好似憋闷了一晚的房间，早晨开窗闯进来的那第一股清新空气。

作为新春这第一波花潮的引领者，宝华玉兰早早地开了。

它很出众。高达十余米的乔木，用先花后叶这一隆重的方式，表达着它对春天的理解，从蕾期的卵形至盛花期的杯形，近匙形的 9 枚花被片组合出直径达 12 厘米的花朵，约莫有大半个手掌尺寸。满树这样大的花，是令人难以忽略的。

它很淡雅。花被片上部白色，背面中部以下晕染着淡淡的紫红，上浅下深，好似羞赧的少年。这一抹红晕，正是它与近缘种白玉兰最明显的区别。它的叶片是柔软光滑的膜质，它的花朵线条柔和流畅，古典舞中的兰花指，或许效仿的就是这优雅的身段。捧起一朵轻嗅，馥郁芳香的气息随着清冷的空气迷荡，心绪安宁，纷繁芜杂不关己。每种植物都有着周身统一的气质，恰如宝华玉兰，其形、其色、其香都温润如玉。

它很独特。从花的形态上看，它与天目木兰极其相似，只是个头更大些，但待它生出叶片，便可观其差异：天目木兰叶片呈狭倒卵形，顶端略有尾尖；宝华玉兰叶片更胖一些，顶端圆钝，有突尖，更接近玉兰的叶片。正因为如此，有专家建议把它当作天目木兰的姊妹种来看待，但也有专家持不同看法。类似于这样的争论在植物分类上还有很多，似乎永远无法停歇，如果植物们也有思维，会不会感慨人类着实悠闲呢？

宝华玉兰是名副其实的"江苏特产"，因为自然分布范围极其狭小，仅分布于江苏句容的宝华山，海拔 220 米左右的北坡一带。自从 1933 年它被植物学家郑万钧首次在宝华山的次生林里发现，宝华玉兰进入人们的视线至今已有 80 余年，但作为亚热带地带性植物，它已经在这世上生存了 300 万年。可能由于对土壤和气候有着特殊的挑剔，它独独选择了句容这一小块土地安身立命。如今在宝华山半自然群落和自然群落的各个样地中，共发现了宝华玉兰 149 株，其中成年个体仅有 38 株，数量极其稀少。宝华玉兰被《世界自然保护联盟（IUCN）濒危物种红色名录》列为极危等级，在《国家重点

逐步绽放的宝华玉兰

宝华玉兰的果实

3

保护野生植物名录》中被列为重点保护Ⅱ级，是我国特有种，也是极小种群保护物种。

为什么宝华玉兰种群数量如此之少呢？从自然稀疏原理推论，宝华玉兰种群可能在发育的初期经历了环境筛选，以大量的幼苗和幼株死亡为代价，极少数幼株成长为大树。在与其他植物的竞争中，宝华玉兰显然没有占到优势，在原产地，它完全没有办法和根系较深、萌生能力较强优势种，如紫楠、野核桃和建始槭竞争，较强大的种间竞争一定程度上造成了宝华玉兰野生植株的散生和量少。这让全世界的生物学家都为这个种群的未来捏一把汗：它们会成为破碎生境的活死者吗？也就是说种群虽然没有消亡，但是已经没有多少进化和发展的机会了。遗传多样性反映了一个物种适应环境的能力和对环境变迁持续进化的潜力。与广布种相比，特有种以及分布范围狭窄的植物，遗传多样性水平一般都比较低。值得庆幸的是，有研究表明，宝华玉兰虽为濒危物种，且分布区域狭窄，但在物种水平上的遗传多样性仍然较高，濒危并不意味着遗传变异水平的下降，不同类型的濒危植物并不都表现出遗传衰退。

因为和江苏之间奇妙的缘分，再加上它清雅的形象和珍稀的头衔，在中国各省代表生物评选大型公益活动中，宝华玉兰作为江苏的代表胜出，成为江苏省的"植物名片"。这张名片内外兼修，神形兼备，是美、是春天、是希望。

年复一年，在不经意间，又一个新春悄然而至，宝华玉兰又开啦！提醒着我逝者如斯，岁月如歌，有股力在推着生活加速呢，加油吧！春寒尚可忍耐，新年要有新气象！

宝华玉兰用先花后叶这一隆重的方式,
表达着它对春天的理解.

5

玫瑰 *Rosa rugosa*

爱情是盲目的，玫瑰的花名是错拿的，或许仅仅因为好听，
或许仅仅因为美丽，或许只是应了冥冥之中的缘分……
只遭遇我们愿意相信的，只相信我们愿意看到的，那不就是爱情的模样吗？

玫瑰　被爱情错拿的名字

　　玫瑰，是个好听的名字，《说文解字》中有载："玫，石之美者；瑰，珠圆好者。"这美石和圆珠都不是寻常可见之物，玫瑰二字透着一股不食人间烟火的灵仙气。伴随着神话、诗歌等一系列文学作品，再加上在插花、园艺中的大量应用，"玫瑰"的形象深入人心，"玫瑰"的品种千姿百态。哪个孩童叫不出"玫瑰"花？哪个女人记不住人生收到的第一支"玫瑰"呢？

　　然而这些美好的意象都不属于本文要写的植物——真正的玫瑰，上文提到的，人们心中根深蒂固的"玫瑰"形象，其实是指月季花（*Rosa chinensis*），又叫月月红、月月花，这名字怎么听都沾染了乡土俚语的油烟味。花儿好看，名字却通俗，如果硬要用"月季"替换掉"玫瑰"，文人们一定大惊失色，好比同样的菜品，出自大厨和学徒之手，滋味相去甚远。赠人玫瑰，可以轻拂衣袂，手有余香，而送人月季，大概只适合拱手作揖，沾沾喜气！意境是个很微妙的东西。正因为如此，早期的文学翻译中，把西方的现代月季翻译成了一个早有所属的名字玫瑰，而我国传统品种的月季花，仍沿用月季的本名。

玫瑰（*Rosa rugosa*）名字真正的主人是一种值得保护的野生植物，被《中国多样性红色名录》列为濒危等级，rugosa 拉丁文的意思是皱纹。真正的玫瑰和月季花体型差不多，是直立小灌木，但是从叶片上就能看出不同，玫瑰的小叶更多，叶脉下陷，有很多细小的褶皱，而且叶片更薄更软，呈现出更鲜亮明快的绿色。花朵的区别就更大了，月季可以花开不断，而玫瑰每年只开一次花。野生的玫瑰大多是单瓣的，没有层层叠叠的重瓣品种营造出的，或雍容华贵，或欲说还休的气质。深粉红色的花朵，个头不算小，直径 4~5 厘米，中间金黄色的雄蕊十分显眼，整朵花结构简单、色彩艳丽、芳香怡人，和蔷薇科其他种类的花朵一样，很符合人们心目中对"花"这样事物的标准形象。玫瑰的果实非常抢眼，扁球形，大而饱满，随着日益成熟，果色逐渐加深，最终达到光亮的砖红色。长长的萼片宿存，像是果实甩不掉的小尾巴。

玫瑰的观赏价值不如它的经济价值突出。这种古老的植物是占有相当地位的天然香料植物之一，玫瑰精油是香料调香中最常用、最重要的名贵花香原料，是名副其实的"精油之后"，具有优雅、柔和、细腻的特点，香味馥郁，价格昂贵，被称为"液体黄金"，被广泛地应用于食品、高档化妆品及烟草中。此外，玫瑰花瓣可供食用，玫瑰饼馅、玫瑰酒、玫瑰糖浆走进了千家万户，玫瑰干制后可窨茶，花蕾可入药，治胸腹胀满和月经不调。玫瑰果实含有丰富的维生素 C、葡萄糖、果糖等，种子含油约 14%，具有开发潜力，玫瑰也是蔷薇属花卉育种的重要种质资源。

野生玫瑰在我国天然分布于东部沿海的沙质海岸，包括吉林图们江河口、辽宁南部海岸以及山东东部沿海海岸；在国外主要分布于俄罗斯的远东地区，朝鲜半岛的沿海沙地，以及日本北部千岛群岛、日本北海道等地。20 世纪 80 年代以后，由于我国滨海地区大规模的经济开发，玫瑰的野生分布区逐渐萎缩和片断化，已处于濒危状态。人为导致的生境破坏、玫瑰种子传播受阻是导致野生玫瑰种群数量持续减少、有性繁殖成功率低的主要原因。

叶脉下陷，叶片薄而软，
　　有细小的褶皱

小枝上有尖刺

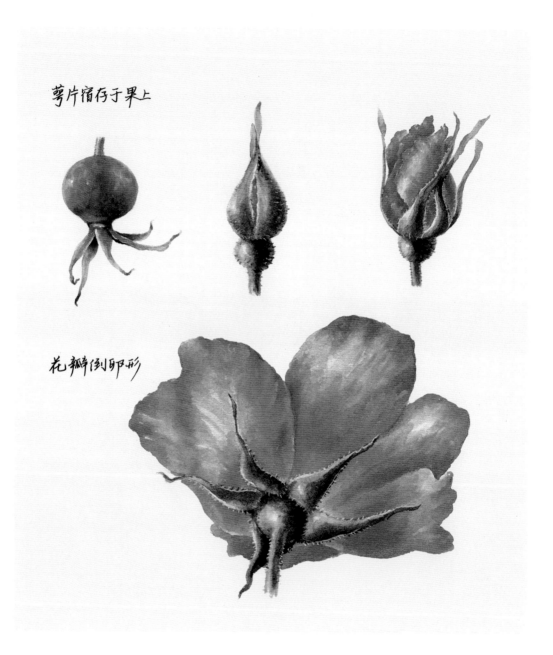

萼片宿存于果上

花瓣倒卵形

玫瑰这个名字和爱情密不可分，爱情中的种种，纯与美，狂与痴，血与泪，嫉妒与羞怯，遗憾与绝望……各种矛盾通过"玫瑰"这一形象达到了充分的集成与和解，和解在花朵的柔美、骄傲与凋零之中。希腊神话中对玫瑰的描写意味深长：爱与美的女神阿佛洛狄忒，脚踩贝壳从海水浪花中诞生，那泡沫变成了白玫瑰，这是白玫瑰的来历；出于众女神对爱神天生美貌的嫉妒，玫瑰枝上长出尖刺；阿佛洛狄忒爱上了人间完美的猎人阿多尼斯，阿多尼斯在狩猎中受伤，女神前往相助，途中白玫瑰的刺划破了她的赤足，鲜血滴进泥土，她跑过的地方逐渐开满鲜红的玫瑰，这是红玫瑰的来历；最终她的爱人死了，完美的爱神却有着不完美的爱情。在爱情这一永恒的主题里，有人类最激烈的情感碰撞，无论神话中提到的是哪一种植物的原型，玫瑰这个名字已经成为文化的一部分。

　　爱情是盲目的，玫瑰的花名是错拿的，或许仅仅因为好听，或许仅仅因为美丽，或许只是应了冥冥之中的缘分……只遭遇我们愿意相信的，只相信我们愿意看到的，那不就是爱情的模样吗？有的植物学家急于向人们解释事情的真相，埋怨文人或花商，在写作宣传之初，不求甚解，混淆视听，却不知此刻，真相并不是最重要的。

明党参 *Changium smyrnioides*

光是"裂",还远远不能满足"巧裁缝"的创作激情,
这"裂"还得有层次,就是要把"裂"之特性,散播到四面八方里去。

明党参　药师的伞裙

　　别小看根、茎、叶、花、果实、种子这六大植物器官，植物们有的是法子在这六个地方玩出花样，把自己扮演成植物界的各种角色，上演一台台好戏的同时，还贡献出各种代谢产物，人类着实从中受益。有些植物喜欢往"大"里寻找突破，有的植物善于在"小"处彰显细节，伞形科植物就是这方面的翘楚。它们大多是一年生至多年生草本，个头不高，心思却不少。我们餐桌上有很多伞形科植物，芫荽（香菜）、芹菜、胡萝卜……先回忆一下它们的形象特点，细碎的叶子或肉质的根以及一点也不偷工减料的浓郁味道，这味道奇特的程度，令人们必须要用"划清阵营"的方式，来表达对其势不两立的好恶。其实，决定味道的是植物中的化学成分，伞形科植物的外貌和成分，让它具备了成为植物界的"巧裁缝"和"好药师"的潜力。

　　明党参（*Changium smyrnioides*）就是伞形科植物中，兼具以上特点的一位。这种多年生草本植物，长着伞形科植物标志性的分裂的叶子，叶片细细碎碎、曲曲回回、深深裂开，总之，想方设法用复杂的曲线对你造成视觉冲击。光是"裂"，还远远不能满足"巧裁缝"的创作激情，这"裂"还得有层次感。什么是层次感呢？就是要把"裂"之特性，散播到四面八方里去，于是出现了一个学名叫作"三出式 2 ~ 3 回羽状全裂"的造型，即叶柄基部先分为三叉，每一叉上长出羽毛状的小叉，此乃第一回；每一小叉继续长出更小一级的羽状小小叉，此乃第二回；每一小小叉上还可能分出更小一级的羽状最小叉，此乃第三回。同样的结构，套用三回，像程序中的循环语句。目之所及，叶片交叠，令人眼花缭乱，极尽繁复美之所能！

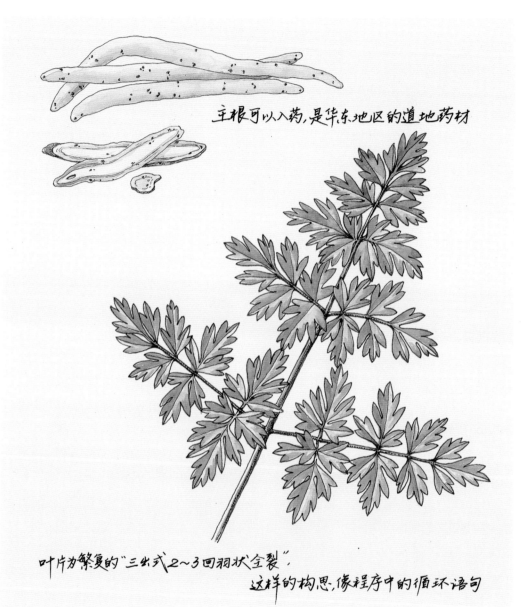

主根可以入药,是华东地区的道地药材

叶片为繁复的"三出式2~3回羽状全裂"
这样的构思,像程序中的循环语句

"巧裁缝"沿着循环语句的设计思路，还裁了一条"蕾丝伞裙"，学名叫作"复伞状花序"，顾名思义，花序像一把伞，在每根"伞骨"的顶端，又长出一把"小伞"，在每把"小伞"的"小伞骨"之顶，开着小白花，同样的结构，套用两回，此乃"复伞状"。整个花序轻盈纤细，像蕾丝、似雪花，神意相通，不知是谁偷师于谁，折服于这位"巧裁缝"的耐心、细心和想象力。仲春，明党参的伞裙，鲜活了江、浙、皖的山野；初秋，花落果现，小伞上憨态可掬的圆果，给秋风挂上一个微笑。

　　也许你没有见过明党参，但对它的名字，或者说，和它类似的名字有那么一点印象，明党参、党参、沙参、峨参、丹参……植物界叫"参"的还真多，叫人傻傻分不清，它们不属于同一个科，但是叫这个名字的，大多都有药用价值。作为一味华东地区的道地药材，明党参坐实药师身份，不是所有的药材都可以叫"道地药材"的，它专指历史悠久、品种优良、疗效突出、带有地域特点的药材，讲求的是药材与产地和生境的统一性。因为道地药材的功效更好，所以古今医家都喜欢使用。明党参的药用历史，可以追溯到明清时期，它特产于江、浙、皖，具有清肺、化痰、平肝、和胃、解毒等功效，常作为药膳及滋补强壮剂，享有较高的药用价值，畅销港澳及东南亚地区。

　　由于明党参自身繁育系统效率低下，在群落生存竞争中十分脆弱，加之人为过度采挖和生境片断化，被逼至珍稀濒危，目前这种我国特有的植物需要加强就地保护和迁地保护。然而，迁地到别处或住进人造的苗圃之后，割裂了与产地和生境的统一，明党参还是那个药师明党参吗？其身可在，其魂也许已经发生了微妙的变化……

　　明党参主要的药用部位是纺锤形的主根。在野外，根深深扎进土壤或岩石缝隙中，那是它长期进化的地方，是它积累代谢产物、产生药效的源泉，亦是它形成精巧设计的出发点。希望这位才华横溢的裁缝和药师，能躲过被圈养的命运，保有它的创造力，恩泽雨露，惠及子孙。

白及 *Bletilla striata*
身玲珑，影玲珑，风摇步绮若惊鸿，离离赋青葱。
山千重，水千重，雅惠出与丛杂共，谦柔幽趣中。

白及　送你一捧善意

自古以来，人们就爱给草木赋予性格，"凌云劲竹真君子，空谷幽兰绝美人"，经此比拟，植物立即具象起来，平添了几分人文色彩。反之，人们也善于借助植物来衬托品德情操，随意翻开我国古典的诗骚之作，植物之名更是遍布章节之中，香草香木用来比喻美德美人，恶草恶木往往和坏人坏事联系起来。其实许多所谓的恶草恶木，在植物学上，反而是更进化，繁殖能力更强的种类，担上这个恶名，常常只是因为缺少观赏价值，或是随处可见的杂草罢了，真是让我忍不住替它们叫屈。

作为传播植物知识的人，应该平等看待天下植物。我试图客观，尽量不"以貌取人"，可又实在不能把话说满，只能尽量。第一印象是何等重要啊，对人尚且如此，又何况是植物呢？

白及（*Bletilla striata*），就是这样一个例子。它拥有令人无法忽视的娇美花朵，大而艳丽，其色接近减法三元色之一的品红色，那是一种由等量的红光和蓝光混合而成的颜色，与紫色的淡雅不同，它是在热烈和冷静中获得了平衡感的纯正。色彩是引人注意的第一步，白及的这第一步，便牢牢将我的目光吸了去。

蹲下端详，惊觉这是一株兰草，花朵结构考究得很，6枚花被片排成两轮，中间的一枚，尤其独特，通常具有奇怪的形状，叫作唇瓣。白及的唇瓣上有 5 条纵褶片，宛如温柔的褶皱裙，白色的褶子上，还洒着品红的波点，生怕有谁低估了这里的波折。裙边加强了晕染，整体甜而不腻，搭配上纤细又曲折的花序轴，把每朵花，往不同的方向抛撒出去，一副眉眼低垂的动人模样。白及是深谙美学的艺术生，花朵如此娇媚，叶片简简单单就好。

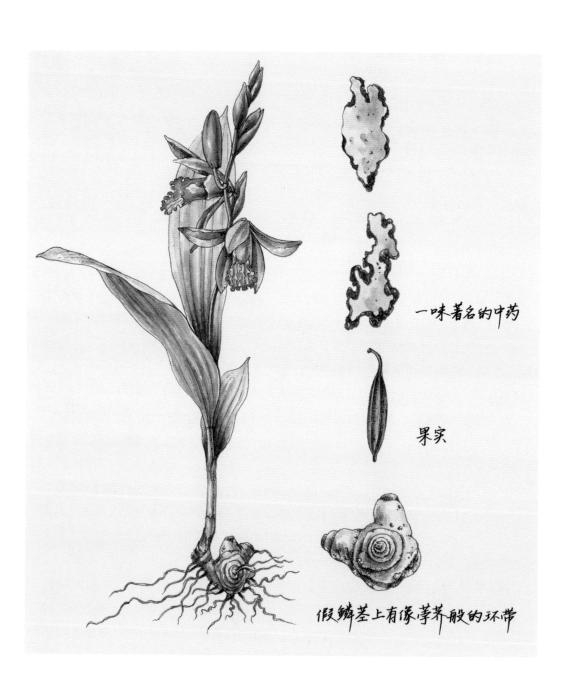

一味著名的中药

果实

假鳞茎上有像荸荠般的环带

18

这第一印象太突出，让人条件反射地去摸相机，大光圈是特写美，小光圈是全株美，无论如何，这美不容辩驳。

白及是一味历史悠久的中药材。在我国现存最早的中药学专著《神农本草经》里，对白及有如下描述："主痈肿，恶疮，败疽，伤阴，死肌，胃中邪气，贼风鬼击，痱缓不收。"可以用于治疗肺结核、胃溃疡出血等症。"白及"这个名字听来有些奇怪，《本草纲目》说"其根色白，连及而生，故曰白芨"。也有传说是一位叫白及的人，献上了一味神药，救治了很多人，之后人们便以其名命之。传说固难采信，但可以说明白及入药的历史悠久。

白及粉末还能做糨糊，元代以后，白及大量应用于书画装裱和碑帖修复。白及还能美容，因其自身色白，一般无不良反应，适合作为天然化妆品的功能性成分，被誉为"美白仙子"。此外，白及还能制成牙膏和染布的黏合剂，用于浆丝绸、浆纱以及酿酒等，真的是深入到生活的方方面面。

我国是全球兰科植物重点分布的地区之一，有1300余种兰科植物，其中约500种为我国特有。兰科植物具有极高的科研、观赏、药用、生态和文化价值，但许多兰科植物种子缺乏胚乳，自然萌发率极低，还需要共生菌的作用才能发芽，繁殖条件十分苛刻，所以一旦环境被破坏，野生种群很难恢复，野生兰科植物被盗挖的情况一度非常严重，这些都是它们成为珍稀濒危的主要原因。目前，白及被《中国生物多样性红色名录》列为濒危等级。

白及在兰科植物中算是好栽培的，它喜光照，也较耐阴；耐寒，也较耐热，对水分要求不算高，能湿润一些则长得更好。它美丽、有用、珍贵又不娇气。中国人对兰花的热爱，可以说有着根深蒂固的民族感情与性格认同，这里，我们不说白及这种兰草身上，各种被赋予的拟人化精神，不去用飘逸俊芳、高洁淡雅之类的辞藻去拔高它。单从植物的角度去解读，从惊艳的第一眼，到对局部的端详，再到了解之后的回望，在这种植物身上，有着全然的美好和满满的善意。

银缕梅 *Parrotia subaequalis*

一簇红叶，一缕银梅，回首向来萧瑟处，世上如侬有几人？

银缕梅　我本传奇

　　关于银缕梅（*Parrotia subaequalis*）的科普文章有很多，其中最有意思的一篇标题是"恐龙赏过的'梅'"，这标题的亮点在于"恐龙"。通常，人们对动物的兴趣比对植物大，孩子们更爱去动物园，来植物园也多半是在草地上奔跑追逐，释放天性，要想引起他们对植物的兴趣，要么是这植物能吃好玩，要么就是能够联系上某种动物。很多时候缺少好奇心的大人，更是对安静的东西和看起来与己无关的事物缺少耐心和感受力，逐渐对自然疏远冷漠，这个夺人眼球的标题迎合了大众的需求，也某种程度地道出了人们的软肋。当然，和人们说起银缕梅是 6700 万年前中生代白垩纪时期就出现在地球上的植物，人们是不能想象这巨大时间跨度的，但是只要说到这是和恐龙一个时代的植物，人群中一定会有惊讶又折服的目光在闪烁。

　　植物明星银缕梅当然早已适应了聚拢过来的目光，它是现今发现的最古老的被子植物之一，是中国特有种，是生物多样性不算丰富的华东地区的珍宝，是赫赫有名的孑遗植物和如假包换的"活化石"。它无比幸运地躲过了白垩纪—古近纪生物大灭绝，在我国江苏、安徽、浙江的部分石灰岩地区，呈孤岛式分布的小避难所里，以残存不多的种群数量艰难生存，躲过了战争、城市化的扩张、砍伐以及人工竹林蔓延的威胁，实属不易。提起恐龙这位老朋友，银缕梅信心满满，"要看恐龙，现在只能去化石里找喽，而我就不一样了，此刻你触摸到的我，化石里那也是有的！"

银缕梅是古老珍贵的金缕梅科单型属物种，它的发现和定名，与南京中山植物园有着深厚的渊源。早在1935年，植物学家沈隽教授在宜兴首次采集到该树种的果枝标本，但之后半个多世纪，该树种再也没有被人发现过。之后，植物学家单人骅教授根据对化石的研究，提出华东地区应该还有该物种存在，可他并没有找到。直到他的弟子邓懋彬教授在宜兴芙蓉寺的石灰岩山地考察时，找到了开花的银缕梅，谜团得以终结。为了纪念单人骅教授，将银缕梅的拉丁文名字称为"单氏木"。这三位老前辈，均是中山植物园的任职人员，后根据朱政德教授的意见，将中文名定为与金缕梅近似的优雅名字"银缕梅"，自此改写了《中国植物志》。

银缕梅不仅具备科研科普价值，而且观赏性也极高，在中山植物园的南园、北园，多处种植着银缕梅。银缕梅是4～5米高的落叶小乔木，它树干挺拔，树冠开展，斑驳的树皮有点类似大块的拼图玩具，树皮片状剥落后，露出灰白色的新皮，呈现深浅不一的美观纹饰。三月中旬，花先于叶开放，没有花瓣，最引人注目的是那丝丝缕缕下垂的纤细花丝和花丝顶端随风舞动的棒槌形花药。早春，光秃了一个冬天枝头，突然挤挤挨挨催生出众多红色的花药，吵闹着、欢呼着、争先恐后地探出头来，飘荡开去，这不是节日是什么？银缕梅的花可遇不可求，可能数年开花一次。它雌雄花异熟，传粉受精机会较少，倘若遇见银缕梅，千万别吝惜你的快门，因为错过一次，可能要等上几年。银缕梅的叶子是妆容百变的舞娘，嫩芽发红，春叶边缘泛紫，夏季浓绿，秋叶红、紫、黄、褐，色彩缤纷，每片不同，是激情洋溢的调色板。银缕梅树干材质坚硬，纹理通直，结构细密，切面光滑，可作细木工、工艺品和家具等物。具备这些优良特质的银缕梅，既可作园林景观树，也是优良的盆景树种。

果实

23

银缕梅斑王驳的树皮

秋天的叶色，是激情洋溢的调色板

种子

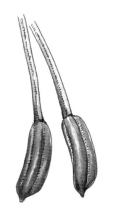

雄蕊

如今，幸运儿银缕梅得到赏识，受到保护，被《中国生物多样性红色名录》列为极危等级，为国家Ⅰ级重点保护野生植物，也是极小种群保护物种，非法采挖、收购、运输野生银缕梅是要负刑事责任的。随着人们对银缕梅研究的深入和银缕梅在江浙园林绿化中的不断推广，它的数量正大幅增加，从发现时仅存50余株的种群，发展到有上万株甚至更多活体的物种，各个野外种群也得到保护并逐步恢复，银缕梅的研究示例可以成为珍稀濒危植物的拯救典范。

银缕梅顽然而立，树影婆娑，虽不高大，却因经历过的岁月漫长，而练就出尘洒脱。它带着一抹冲淡平和的微笑，时而凝望苍穹目光深邃，时而低眉静思暗含悲悯。高岸为谷，深谷为陵，山川草木莽莽榛榛，万物生灵孜孜汲汲，任天翻地覆，风景几何；任两轮日月，来往如梭，银缕梅像这颗星球的观察员一样，一边鉴证，一边从容不迫地记录着自己的传奇。是时间将你遗忘，还是你在那里等谁？一簇红叶，一缕银梅，回首向来萧瑟处，世上如侬有几人？

大花无柱兰 *Amitostigma pinguicula*
我问你，那是什么声音？你说听，那里有山的空灵。
我不解，这声音里可有苍茫意？你不答，一嗟一叹一笑一颦。

大花无柱兰 八分音符的寻宝图

很多植物的正名是一个样子，但生活中的俗名是另一个样子，你看花生就有很多下得了厨房的俗名，地果、长生果、地豆……但它的正名却是一百分的上得了厅堂，叫"落花生"，妙哉！顺便成就了许地山先生那篇写进课本的散文。开始我以为"大花无柱兰"（*Amitostigma pinguicula*）这么学术气的名字，只属于研究范畴，民间叫这么个名儿还不得闷坏了，但查证后发现，它竟连一个俗名都没有。替它感到可惜的同时，进而说明了，它真的是个分布地域狭窄又少人问津的物种。

大花无柱兰被《中国生物多样性红色名录》列为极危等级，它原产于浙江，生长于海拔 250 ~ 400 米的山坡林下，覆有土的岩石上或沟边阴湿的草地上，可以想象那是一个水汽氤氲、微生物丰富、土壤里散发着森林气味的地方。由于这样的生境已经越来越少，一经破坏又难以复原，所以大花无柱兰的生活也跟着岌岌可危。

对非植物学专业的人来说，大花无柱兰这个名字有些莫名其妙。我们先来拆解一下其中要义，"柱"指的是合蕊柱，是兰科植物特有的、着生雌、雄蕊的柱状结构，"无柱"并不是说这种兰花没有合蕊柱，而是指它的合蕊柱极短，是它用来区别于其他家族的显著特征。"大花"就好理解了，这种兰花在无柱兰家族里，花肯定算是大的。可事实是，这个家族的花都实在是小得可怜，就连被称为大花的，也只是稍大，大小顶多如纽扣一枚。

凡事都需要参考系，有的树属于天，有的草属于田，有的花属于苔藓相伴的小小世界，大花无柱兰就是最后一种。它是小小世界里的精灵，对比它的根茎叶和所处生境，它的花担得起大花的头衔。

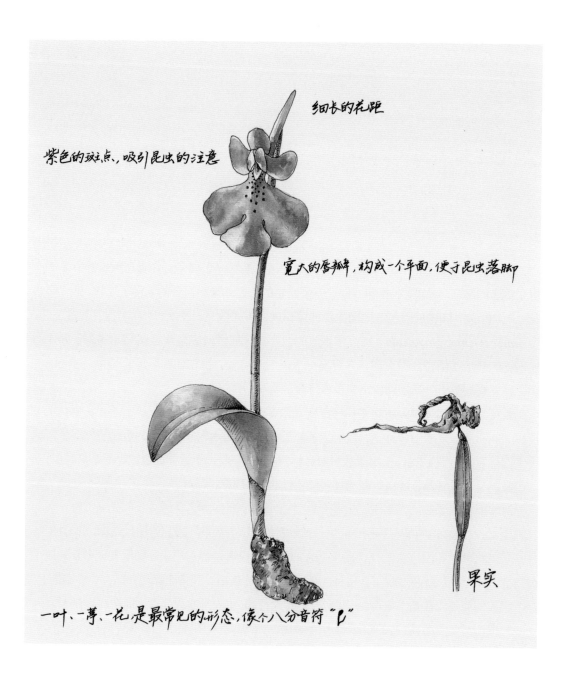

细长的花距

紫色的斑点，吸引昆虫的注意

宽大的唇瓣，构成一个平面，便于昆虫落脚

果实

一叶、一茎、一花，是最常见的形态，像个八分音符"♪"

大花无柱兰是一种地生草本，也就是说它是长在地上，而不是攀附在某处的，一般仅有10厘米左右的娇小个头，土下有一个球形的块茎，地面上有一根纤细的茎，茎基部包裹着一片椭圆形的叶子，卷成一个漏斗的形状，很聪明地收集着水分、利用着光能，通常仅有一朵花（极罕有两朵花）。迷你的身材，一叶、一葶、一花是最经常见到的形态，像个八分音符"♪"，无柱兰属的进化顺序是，花序由多花、少花（花序轴短缩）至一朵花进化，像大花无柱兰这样仅一朵花的是较为进化的种类。在野外，大花无柱兰常常拥有自己的小群落，四五月间，它们的叶片在地面挤挤挨挨，细嫩的茎根直立，托举着粉紫色的花朵奋力绽放，一个个欢脱的八分音符，在一个无人之境，演奏着不为人知的乐曲，吸引着昆虫前来访花传粉，是一个自有无形规律的小小世界。

　　大花无柱兰的花朵很有意思，它实际上是一个精心设计的寻宝游戏。花有两个鲜明的特点，一是向前伸展的扇形唇瓣很宽大，前部有三个裂片，形如展翅的鸟，构成一个平面，唇瓣上点缀着紫色斑点；二是花的后方有一个细长的、圆锥形的花距，花距就像一个口袋，里面藏有腺体。这场寻宝挑战是为访花昆虫设立的，先用大花将昆虫引来，宽大的唇瓣是贴心的落脚点，那些斑点是寻宝图的线索，指示着花蜜存放位置的入口，当然它还不忘记设置一点障碍，只有口器长度与口袋（也就是花距）配合的昆虫，才有资格获得奖赏，而游戏的设计者大花无柱兰必然能从中获利。昆虫吸取花蜜，要经过合蕊柱上的两大团花粉，这一进一出，花丛中来回寻宝，也就是帮助游戏设计者实现了成功传粉。

　　兰花的聪明，可以称为狡猾，它们的传粉过程精彩纷呈。达尔文为此专门写过一本书叫《兰花的传粉》，有的兰花是骗子，通过各种手段诱使传粉者前来帮忙，而不给任何报酬；有的兰花会设计一系列机关，当传粉者触动机关时，自动弹出花粉黏在传粉者身上，也不管你愿不愿意……兰花的种类繁多，妙招迭出。我们对大花无柱兰的传粉过程和传粉昆虫还缺乏深入的研究。事实上，人类对兰花的传粉了解也非常有限，许多兰花尚处于阒无一人的深山之中，那里藏着自然留给人类的寻宝图。

　　人们将大花无柱兰迁地保护进了各家植物园，并尽可能地给它提供一个小小世界，但这仅仅是为了抢救它性命不得已的方式，当美妙绝伦的"八分音符们"再次奏响那首不为人知的乐曲时，期盼它的寻宝游戏能够如愿进行。

普陀鹅耳枥 *Carpinus putoensis*

"地球独子"似乎肩负着某种使命，注定要被历史选中。

普陀鹅耳枥　地球独子的征途

纵观历史，有些人注定拥有改变世界的不凡人生，植物界也类似，有些植物要带着使命踏上一条坎坷征途。普陀鹅耳枥（*Carpinus putoensis*）就是这样一种植物，随着时间和空间的变化，在普陀鹅耳枥求生的征途中，有许多戏剧性的偶然：发现它的是一位因为养病，而意外转行成为植物学家的人；在仅存一棵的危难关头，它极小概率地得到了"佛祖庇佑"，危在旦夕之际，它借助"地球独子"之名摆脱绝境，如今不仅已拥有万余株的规模，它的征途甚至已触及太空，并将不断延续……

故事要从 100 多年前说起。那时清廷腐败，外患迭乘，有位满怀爱国之情的年轻人相信，要谋求中国振兴就必须发展科学、兴办实业，他就是生于浙江宁波的钟观光。钟先生先后创办了四明实学会、灵光造磷厂、上海科学仪器馆，还创刊《科学世界》。原本他应该朝着实业救国的方向追寻下去，可是命运对他另有安排。1905 年，钟先生在患肺癌疗养期间，突然对植物学研究产生了浓厚兴趣，病情好转后，他就去野外采集标本，从此开创了我国学者自己采集和制作标本，并进行分类学研究的新时代。这一偶然，令普陀鹅耳枥有了被发现的机会。1930 年前后，钟先生在家乡考察沿海岛屿时，在普陀山海拔 240 米的地方，发现了一棵他从来没有见过的树，这棵树树杈成双，雌雄异花，在当时就十分稀少。1932 年郑万钧教授将其定名为普陀鹅耳枥，为一种我国特有的珍稀植物。

20 世纪 50 年代初，普陀鹅耳枥在普陀山还有多个分布点，但其后几年，大面积的毁林开垦，给它带来了灭顶之灾，最后仅残存一棵生长于普陀山的慧济寺，那是一棵有 200 多年树龄的大树，得以幸存是出于寺庙对它的庇护。1999 年，我国特有的普陀鹅耳枥，被列为国家 I 级重点保护野生植物，被《IUCN 濒危物种红色名录》列为极危等级，这棵全球唯一的野生古树，被称为"地球独子"。

这样的背景，令普陀鹅耳枥获得了广泛关注，人们发现它具有伐后不易萌发、雌雄花花期不遇、种子饱满度极低、果壳坚硬、种子发芽困难等特点。近几十年生态环境的

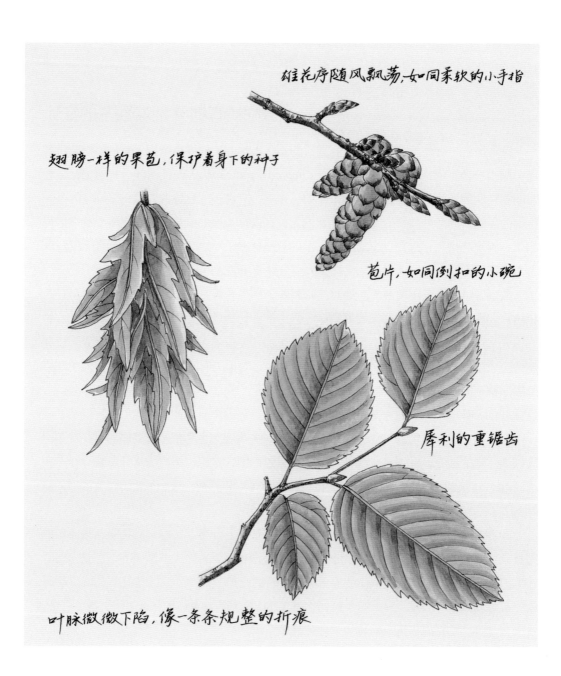

雄花序随风飘荡,如同柔软的小手指

翅膀一样的果苞,保护着身下的种子

苞片,如同倒扣的小碗

犀利的重锯齿

叶脉微微下陷,像一条条规整的折痕

破坏，对它来说无疑是致命一击，将普陀鹅耳枥推向灭绝的边缘。通过人们积极地抢救和研究，普陀鹅耳枥的繁殖难关已被攻克，获得了上万棵单株，但"独子"的后代们遗传多样性水平很低，为此人们优先让它的种子搭乘"天宫一号"飞上太空，寻找优良变异的希望。可现实是残酷的，让普陀鹅耳枥回归故里，实现自然繁衍，依旧困难重重。

普陀鹅耳枥的漫漫征途始于岛屿，现在已经在杭州、南京、上海、昆明等多地安家落户。在中山植物园的球宿根花卉园里，可以找到它的身影，这棵普陀鹅耳枥于1998年引种，20年后它已有3～4米的身高。普陀鹅耳枥的气质是硬朗的，它树皮灰白，树干上纵向的条纹形成了粗犷的褶皱，它叶色浓绿，整个叶子像一件折纸作品，不仅触感像粗糙的厚纸（叶面长有柔毛的缘故），叶脉呈现出的羽毛状构造也像纸艺，叶脉微微下陷，间距几乎相等，走向几乎平行，直达叶缘，像一条条规整的折痕。最豪迈的部分，是叶缘尖锐的重锯齿，即在每个锯齿上，又生出一个更细小的锯齿，这副犀利的造型，仿佛是用小刀仔细雕刻出来的。

三四月间，普陀鹅耳枥开出随风飘荡的柔荑花序，如同一根根柔软的小手指，雄花序是淡黄色的，每串雄花序由10～30朵雄花组成，每朵小花的苞片，形如倒扣的小碗，扣住身下的雄蕊，免受风吹雨打；雌花序绿中带红，也是一串串地垂着。八月，就可以找到普陀鹅耳枥的果实了，和桦木科其他植物一样，普陀鹅耳枥的果实外有精致的果苞结构，是用来保护果子的，它和叶子具有相同的质地，是另一件富有想象力的纸艺作品。果苞锯齿一样的线条，效仿的是鸟儿的翅膀，正好能把身下的果子遮盖住，果苞两两相对，翅膀凑成一双，平展张开的翅膀为果实宝宝撑起一片天空。

每一个人，每一种生物都是历史的一部分，是时间空间的一分子，过去、现在与未来是连续的，每一分子都是休戚与共的。回顾普陀鹅耳枥在征途中一次次幸运的偶然，"地球独子"似乎肩负着某种使命，注定要被历史选中。成为"地球独子"的那天，它就不仅代表它自己，还代表着征途中不计其数的同行者——大批即将灭绝的动植物们，发出无声的呐喊；它不仅是为了这些弱者，更为了休戚与共的人类，以地球的名义向人类传递着信息。

若见到普陀鹅耳枥，请用心抚摸它的树干，请想象这位"地球独子"的征途，感受在这征途中命运相连的你我他。

厚朴 *Houpoëa officinalis*
光阴迅速，
又到春色撩人处，
缕缕日光映青翠，
一脉幽香，
温风不褪。

厚朴 温润如斯

    位于中山植物园北园中心的办公大楼，是一幢古朴的中式建筑，它建于 20 世纪 30 年代，拥有高而阔的歇山式屋顶，黑瓦红砖，散发着历史的凝重感。这幢建筑处于绿色的环抱之中，南有平整的草坪，四季常青；北有参天的二球悬铃木，气势磅礴，西有风姿绰约的玉兰，闲庭花落，东有低调内敛的厚朴（*Houpoëa officinalis*），温润如玉。

    东侧的这两棵厚朴，与大楼微翘的屋檐遥相呼应着。这两棵树 4 ~ 5 米高，都在接近根部的地方分成两叉，而没有粗壮的主干。可不要因此以为厚朴身形娇小，它可是能够长到 20 米的高大乔木。厚朴喜欢太阳，因此工作人员把它们种在楼宇间的一小片空地上，提供给它充足的光照。木兰科是出产好花佳木的名门望族，厚朴是其中一员，但相比其他亲戚，它很是低调。我发现，大楼周围人来人往，厚朴的"访客"络绎不绝，但是却少有人将目光停留给它，可能它为大家所熟知的，还是作为一味药材的那个"厚朴"，或国家 II 级重点保护植物名单里的那个"厚朴"，对它的外形没有太多兴趣。其实厚朴大美在意境，这种中国特有的植物，内外兼修，从不显山露水，很符合传统文化的审美。

    厚朴裸露的枝丫是美的。早春，它粗壮的枝顶，冒出灰褐色的叶芽，鼓胀的形状和饱含墨汁的毛笔没有二样，枝条上有精美的托叶痕，是木兰科植物的特点。小芽个个冲天，憋足了一股劲儿，蓄势勃发，不出一个半月的功夫，厚朴就长出了一身大叶子，这叶子上宽下窄，缘带微波，线条简洁流畅，尽显朴雅之风。和很多木兰属的植物不同，厚朴不会开出一树繁花，而是先叶后花，花藏叶中，它彬彬有礼，把风头让给别人，好似故

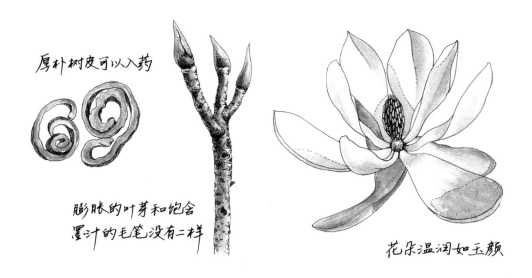

厚朴树皮可以入药

膨胀的叶芽和饱含
墨汁的毛笔没有二样

花朵温润如玉颜

意不让人关注。

四月，植物园的空气中充斥着千奇百怪的花粉，如果肉眼可以将它们捕捉，那将是一团团粉潮在气流里暗涌、竞争，阳光通透，将一切晦暗推翻，植物园像一个调色盘，植物们在争奇斗艳：老鸦瓣的雪白里藏着一抹酒红；二月兰是上演蓝、紫戏码的高手；蔷薇科的诸位美人，把各式样的粉、红、玫、紫都玩遍了；怎能少了明亮的黄？那是连翘和锦鸡儿……暖融融、热烘烘，万物躁动着，春意浓。就在这样一个热烈祥和的春日，厚朴不动声色地开花了。它的花单生枝顶，大而开展，洁白而芳香，温润如玉颜，躲藏在叶片后面，在众多颜色里，它只取最朴素的白，于高处静放。即使每天从这里经过，也不一定能及时发现，常常是一个抬头，发现厚朴花期已去大半，留下泛黄内卷的花被片，只好感叹时光飞逝，不与人期啊。

九十月间，厚朴结出椭圆形的聚合果，暗调的粉红色，有十几厘米长，成熟时会露出里面红色的种子，很可爱。

厚朴生命周期里的每个阶段，都是很耐看的，作为绿化观赏树种非常合适。不仅外表好看，厚朴还很有用，它的树皮、根皮、花、种子及芽皆可入药，以树皮为主，有化湿导滞、行气平喘等功效。厚朴生长周期长，一般树龄在15年以上的大树才能剥皮使用，传统的采集方式主要是砍树剥皮，因此野生资源受到严重破坏。厚朴是较原始的被子植物种类，对研究东亚和北美的植物区系及木兰科分类有科学意义。目前厚朴的野生居群很少，是需要加强保护力度的。

有些植物喜欢热闹，花开时分，披一身颜色引人关注，还有一些是像厚朴这样温润的，默默走着自己的节律，兀自悠然静开合。当然，植物其实并没有性格，这一切解读，是人对自己心境的投射。风格迥异的植物，其实是很好的素材，帮助我们丰富起内心的层次，越是内心丰富，越是能与自己对话，越是有独到的见解，也越是能善待自己和他人。

办公大楼和它东南角的厚朴，构成了一幅古朴的图画，鸟儿在唱，厚朴在长，新绿之下，春游的孩子们在这里叽叽喳喳，春天就该是这般美好的模样。

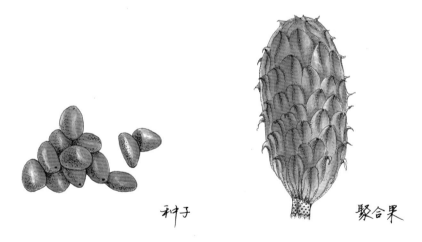

种子   聚合果

秤锤树 *Sinojackia xylocarpa*

秤锤树开花，是轰轰烈烈的仪式感，俘虏了一切从它身边经过的少女心。

秤锤树　幕府登高的点睛之笔

　　秤锤树（*Sinojackia xylocarpa*）开花，是一片片云，圣洁无瑕是它花冠的雪白，流云在叶间漫步，叫纤纤浮尘见了也不忍沾；秤锤树开花，是一把把伞，悬垂半掩是它内敛的仪态，伞面在风中摇曳，叫淅沥春雨见了也轻轻拍；秤锤树开花，是一盏盏灯，点亮灯芯是它雄蕊的明黄，柔光在云中躲闪，叫午后暖阳见了也频开怀；秤锤树开花，是轰轰烈烈的仪式感，俘虏了一切从它身边经过的少女心。

　　每逢人间四月天，秤锤树便迎来了隆重的花开时分。如果届时来到中山植物园的观果区，你将会看到这节日般的盛况，掏出相机，边拍边情不自禁地赞叹连连，这是每个观花人的本能反应。秤锤树这一安息香科的落叶小乔木，和它在安息香科中的许多亲戚一样，美貌出众，它们都具有开花繁密、花型优雅、色泽清淡、娇而不媚的特点。这一形象很容易让人联想起亲切的邻家女孩，简单朴素的衣着，难掩娇憨美丽。

　　可邻家女孩有一个男孩名字——秤锤树，好在通常人们认识秤锤树，都是先从它那形似秤锤的果实开始的，令这份遗憾稍许减轻。秤锤树的果实是木头的颜色，也是木头的质地，果实上有斑斑点点的皮孔，顶端有一个圆锥形尖尖的喙，那是个像鸟嘴一样向外伸长的结构。椭圆形的果实，有几分像旧时杆秤的秤锤，可惜现在这类老物件正逐步退出历史舞台，对今后的孩子来说，记住秤锤树这个名字恐怕有些难度。秤锤树开花量大，结果量也大，秋季树上挂起一枚枚扎实的果子。花期轻盈，果期硬朗，这一柔一刚，在秤锤树身上体现了矛盾的统一。果实的体积感和重量感，或许是前辈们给它起名秤锤树的另一个缘由。

秤锤树命途多舛，虽果实丰饶，出苗率却很低，热热闹闹地开花结果，换来子嗣寥寥，做了这么多无用功，心里大概不会好受吧。生活中有很多事情是做无用功的，种瓜不一定能得瓜，可凡事只以结局论成败，又不像是明智之举。说回秤锤树的低效，这都是由于果壳儿（木栓质的内果皮）太厚，严重阻碍了种子吸水，和其他与外界进行物质交换的过程。此外，圆滚滚的秤锤造型也不实用，果子落地后不易混入土壤，散在地表的"秤锤们"，只能忍受漫长的脱水过程，最终丧失活力。即便在幸运的情况下，果子在野外大多也需要经过 2 ~ 3 年的日晒雨淋，待条件成熟才能萌发，种群只能缓慢更新，真是替它着急。

秤锤树带着一份深沉的爱与凝重的担忧，给孩子们穿上了过于厚重的衣服，却不想这份爱既是保护，也是束缚。因此，在人工繁殖秤锤树的时候，人们通常会采用浓硫酸、高锰酸钾等强氧化剂，进行"破壳"干预，再将"秤锤们"在湿度合适的沙子中放置很长一段时间，打破种子休眠，最后还要辅以一些植物生长激素，促进萌发生根。正是由于繁衍机制低效，秤锤树，这一我国北亚热带地区特有的树种，自然分布范围十分狭窄，仅呈单株状零星分布于南京及附近局部地区。在繁殖上的困难，加上过去人们的樵采，使野生秤锤树濒临灭绝。目前，我国特有的秤锤树已被《中国生物多样性红色名录》列为濒危等级，和国家Ⅱ级重点保护野生植物。

关于秤锤树的发现，有这样一段故事：1927 年，著名植物分类学家秦仁昌先生在南京近郊的幕府山采集到秤锤树标本，一年后著名植物学家胡先骕先生，根据这份标本发表了新属秤锤树属，成为我国植物学家向世界发表的第一个新属，标本则被命名为秤锤树，这是一个具有标志性意义的事件。自此，秤锤树和幕府山结下了不解之缘，这座南京主城以北的小山，因为这一事件，永远被记载在了植物学的发展史上。

秤锤形的果实是木头的颜色，也是木头的质地，
顶端有一个尖尖的喙

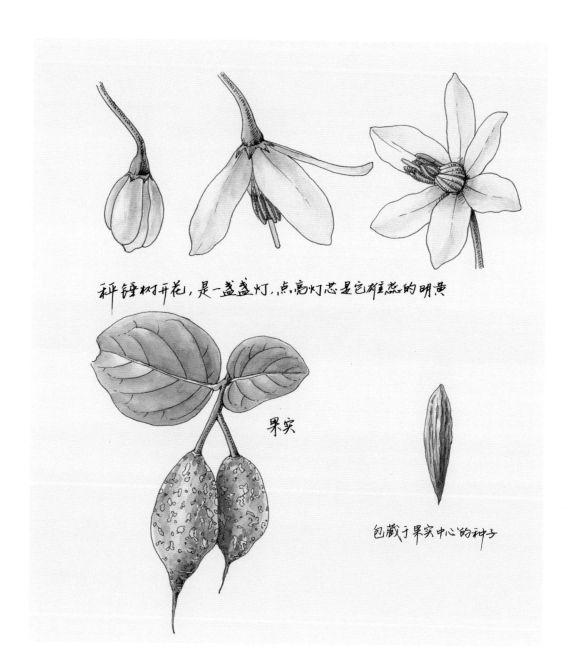

秤锤树开花，是一盏盏灯，点高灯芯是它雄蕊的明黄

果实

包藏于果实中心的种子

幕府山除了是秤锤树的发现地，还是古金陵的交通渡口和军事要道，是无数文人骚客题写诗文的名胜景区，是中华民族屈辱近代史的见证地，也是我父亲幼时居住过的地方。父亲说，为了支持南京长江大桥和宝钢的建设，20世纪70年代初至80年代末，人们在幕府山采用大型机械，大规模、破坏性地开采白云石矿，在不到20年的时间内，原本海拔215米的山峰，硬生生被人为剥离掉145米，加之山脚居民上山砍柴，幕府山的植被几乎被全部破坏。在那个历史时期下，填饱肚子、振兴工业是第一要务，无论何种生物都要给人类的生存让道，短短几十年，解决了温饱问题后，人们开始心痛那些没有预料到的代价。站在现在的立场，不关痛痒指责过去是没有说服力的，人的生命比起地球，比起江河湖海，哪怕是比起植物都太过短暂，这种短暂时常限制了认知和格局。人类是没长大的孩子，如何指责孩子眼光不够长远？以史为鉴，我们能做的大概就是认清自己不够成熟，放下执着，给自然和自己留有转圜余地吧。

　　幕府登高是清代金陵四十八景之一，登临山顶远眺夕阳，追随着余晖在长江的雄浑里流淌，如果还能在此见到秤锤树开花的盛况，一定会是这景象中的画龙点睛之笔。

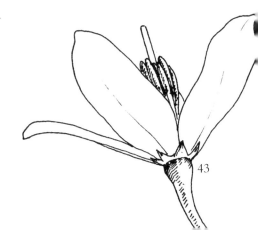

珙桐 *Davidia involucrata*
风吹动洁白的翅膀，来自时空深处的绝唱，
乾坤朗朗，四海荡荡，
挥舞着不灭的希望，去往远方的远方。

珙桐　插翅等风来

如果要把珍稀濒危植物编写成书，谁来担当封面模特呢？有一位实力与名气兼备，外貌与内涵并重的候选者，它就是享誉中外的幸运儿——珙桐（*Davidia involucrata*）。

珙桐的非凡经历足以拍成一部纪录片：故事要从 1000 万年前的新近纪说起，被子植物在那时开始繁盛，逐步替代了占优势地位的古代羊齿类和松柏类植物，大刀阔斧地刷新了地球的植被面貌，纪录片的主角珙桐，在这一时期应运而生，分布于世界许多地区。在自然界，安定总归是暂时的，变化和抗争才是永恒的主题。历史进行到第四纪冰期，也就是距今最近的一次大冰川时期，气候巨变，寒冷与温暖在这颗星球上交替出现，风云变幻，天意莫测，动植物们不得不使出浑身解数寻求对策。流离迁徙是在所难免的，北半球的大陆冰盖向南扩展，它们被迫举家南下，而间冰期气候又回暖，它们重整队伍，奋进北上。在地层剖面中，可以找到喜冷和喜暖动植物群交替现象的证据，只是没有人能切身体会它们都顽强地抵抗过什么，被迫地改变过什么。可无论际遇是顺是逆，在生存游戏里生物们一言不发，条件越是恶劣，物种变异和进化的速度越是快，新物种的出现率越是高。在这场战役中，它们似乎在用行动宣誓：它们是勇士，只会被杀死，不能被打败，尽力活下去是不可撼动的目标。

世界上大多数地区的珙桐，在这场浩劫中丧生，仅在我国西南地区，湖北西部、湖南西部、四川以及贵州和云南两省的北部，这些受冰川活动影响较小的区域有少量幸存，珙桐成为新近纪的孑遗植物，人们口中的"活化石"。

珙桐的发现者是一位身着清朝服装，模样有几分滑稽的洋人——法国神父兼博物学家皮埃尔·阿尔芒·戴维（Pierre Armand David），中文名叫谭卫道。谭神父是四川穆坪（今宝兴县）邓池沟天主教堂第四任神父，他选择这里开展传教活动，绝不仅仅是受到了神的指引。19 世纪末期，因为地理阻隔而未被人类探索过的地方已少之又少，当时清政府统治下的中国西南山地，恰是这样一方生物资源丰富的处女地，吸引着全球的植物猎人。这些人的来历五花八门，可能是植物学家，更可能是传教士、探险家、外交人员或士兵，他们在我国采集了大量植物标本和活体，并输送到西方，经过西方园艺手段的改造，创造了可观的经济效益。这是一场大规模植物资源的盗取，也是一场没有硝烟的战争。

毫无疑问，谭神父是瞅准了地方有备而来的。1869 年春天，谭神父在宝兴县的两大发现让他声名大噪。一个是我们的国宝大熊猫，另一个是后来被洋人称赞为"北温带最美丽乔木"的珙桐。1904 年珙桐被带到欧洲，之后是北美，成为西方重要的观赏树木，兜兜转转直到 1954 年，周总理在瑞士听闻珙桐的来历后大吃一惊，回国后立即指示有关人员进行研究栽植，珙桐的故事才终于在它的故乡得以延续。如果让我做这部纪录片的导演，我一定会用第一人称视角来拍，让珙桐自己讲一讲它不寻常的过去和见闻。

我国特有的传奇植物珙桐被列为国家 I 级重点保护野生植物，在自然情况下，珙桐自我更新慢，在群落竞争中不占优势。它早期落果比较严重，有"千花一果"之说，还存在败育现象，但由于珙桐在国内外的名气，它很受重视，过去几十年中，人们增加了对野外种群的保护力度，掌握了培育技术，如今在条件适宜的地区，可以发现众多野生珙桐，在越来越多的园林绿化中，也能找到它的身影。珙桐的种子、果皮能榨油，木材是建筑和工艺美术的优质原料，花是蜜源，树皮与果皮，能提取栲胶，也是制作活性炭的原料，或许在不远的将来，珙桐能更多地被人们所用。这种古老的植物正在迎来新生，可以说珙桐在当代也是极其幸运的。

卵圆形的果实悬垂于叶间

种子

珙桐生来具有自成一派的主角感

珙桐叶片的基部和尖端都参考了心脏的形状，整体看，叶片是一颗加长、宽圆版的爱心，叶脉整齐、锯齿规则，薄而软的手感很容易让人喜欢。珙桐的美，不需要"北温带最美丽乔木"的头衔加以佐证，凡是见过珙桐开花的人，都会为之倾倒。两枚花瓣状的苞片像白鸽的翅膀，是珙桐独一无二的标志，也是"鸽子树"这一俗名的由来。苞片初开时淡绿，盛放时乳白，这对"翅膀"除了能吸引昆虫，还能保护身下球形的花序不被华西雨屏带过多的降水损坏。每年四月珙桐开花，满树洁白的"翅膀"悬垂叶间，隐约可见躲在白色中心那一团紫黑色的含蓄的花。十月，珙桐结出卵圆形的果子，紫绿色的，常常具有黄色的斑点。

珙桐是高大的落叶乔木，可以达到 15 ～ 20 米高，这种类型的木本植物生来具有自成一派的主角感。在园林造景时，一片青翠的草坪，几株挺拔的珙桐，一段柔和起伏的地平线，足矣。花朵是植物的爱与性，珙桐开花，是它爱得纯洁，繁花一树好比婚纱，神圣洁白的下摆，拖曳过千万年的山岚，命运吩咐时光要善待这位新娘；珙桐开花，是它爱得深沉，插上有力的翅膀，守护着不灭的希望，任同伴绝灭坚忍前行，岁月嘱托山川要关照这位母亲。仲春花开，柔风和煦，一片水汪汪绿油油的背景中，"白鸽"飞舞，"裙裾"微摇，花气时相送，生机自欣欣。

虾脊兰 *Calanthe discolor*
深山、林海、虾脊兰、发抖的腿，所有的感官加在一起，直击我心，怦然心动。

虾脊兰　野花的态度

有时会问自己，我最喜欢什么花呢？优雅的郁金香是我中意的，我觉得它们具有皇室般的端正，但同时，我的品位又极其俗，我痴迷于月季，而且最好是大红色情人节热销的那种，它们简直是女人对爱情不死心的幻想。浪漫的樱、高洁的莲……那些人见人爱的花朵，我当然也都十分欣赏，但它们都不是排名第一，总觉得缺少了打动我心的最后一击。直到后来，我发现我最喜欢的是野花，相对于家花，野花更有张力、更有主见，更卑微也因此更高贵，也就是说，更有活着的态度。

不要以为，野花虽然生命力顽强，但总归缺少人工优选，如一介目不识丁的村妇。今天我们要谈到的虾脊兰（*Calanthe discolor*），就曾是打动我心的那一株貌比西施的小野花。

四月，在浙江的一座山头，我们为了抄近道下山，需要穿过一片针阔混交林里没有路的山坡。目之所及竟是苍苍林莽，深厚的腐殖质和落叶层，让脚下的步子深一脚、浅一脚、一味一滑又一脚。在一个趔趄之后，我发现了它，一株出尘绝世的地生兰草——虾脊兰，它高昂着灵巧的花序，一副很轻蔑的样子，"就你这爬山的三脚猫功夫，迟早要摔呀"，那一刻我感觉它在对着我说话。

虾脊兰淡定自若，饱满又轻盈地绽放着，花葶笔直地自叶间抽出，那是它的旗杆；其上疏生大约十朵小花，向不同的方向盛开着，小花微垂，那是它的旗帜，红褐色的是它平展的花萼和花瓣，分别形成内外两轮，如拱起脊背的小虾，往下是它白色的扇状唇瓣，有三个深裂，与蕊柱合生，一浓一淡两种颜色形成了强烈对比。贴近细瞧，唇盘上有三条精心雕琢的褶皱，从侧面看，还能发现它弯钩形的花距（花距是花瓣向后或向侧面，延长成管状、兜状等形状的结构，里面常常具有腺体，腺体分泌的蜜就贮存在花距里，这也是虾脊兰属植物都具有的结构），一面面小旗子层层叠加，画面更加丰富了。此处野地，尽是没有章法的杂芜，可这株偶遇的虾脊兰，如此精妙、细致，宛如全部秩序的所在。它正摇晃着"旗杆"，像个女王，不慌不忙地宣告，这里是它守护的地盘，这里正在认真地孕育着生命，这里可不是你们人类能主宰的地方，我唯一能做的，就是谦卑地俯下身去，虔诚地为它拍照。

深山、林海、虾脊兰、发抖的腿，所有的感官加在一起，直击我心，怦然心动。不同于我们想象中，野花百折不挠的态度，这株虾脊兰传递给我的，是高傲尊贵，是只可远观不可亵玩，和对自然的敬畏。

虾脊兰属植物的美丽是全球的共识，其属名 Calanthe 在希腊语中就是指"美丽的花"。除了花朵出众之外，它们还拥有粗短的假鳞茎，大多数都具有宽大的叶子。全世界共有虾脊兰属植物大约 150 种，我国有 50 余种，它们都隐居在长江流域及其以南各省的森林中，人类很少踏足的地方。

虾脊兰曾被研究兰花的学者比拟为"兰中西施"，人们还发现它所含的生物碱在传统中药中有抗炎、抗菌、抗毒素等作用。然而这么美好的物种，因为生境破坏、丧失，以及人为过度采挖，野生数量正不断减少。

在各个植物园中也常常能见到虾脊兰，没有了野地的衬托，盛开的虾脊兰更加娴静了，只是少了些鲜明的态度，虽然看见这张美丽的脸孔，仍然忍不住要叫出声来。更别说那些在兰展中见到的，被养在花盆里的虾脊兰了，它们只剩美丽的脸孔而已，只会叫人比较这张脸孔更美，还是那张脸孔更美，那脸谱化的美难免空洞。

春天来了，人们喜欢踏青，逛花展、花卉市场和公园，几百上千亩栽培着的花花草草，固然好看，但那就像是去高档的餐厅吃饭，理应品尝到与价格相称的美食，却因为都是被安排好的，而少了怦然心动。可在自然里摔打和磨炼的植物就不一样了，它们就像是家门口的馄饨铺子，味道绝好又独一无二，最重要的是可遇而不可求，如果恰好在一个独自回家的寒夜，那就更是不可多得的体验了。

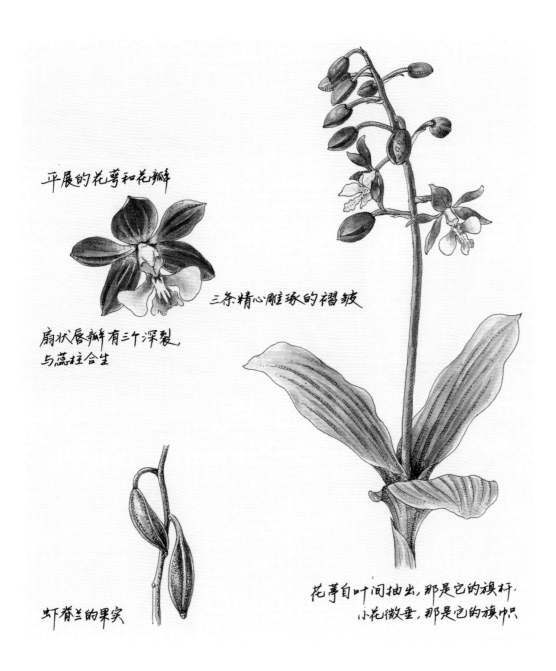

平展的花萼和花瓣

三条精心雕琢的褶皱

扇状唇瓣有三个深裂，
与蕊柱合生

虾脊兰的果实

花葶自叶间抽出，那是它的旗杆，
小花微垂，那是它的旗帜

53

春兰 *Cymbidium goeringii*

枯叶中躲藏，奶油色的月，开林窗。
怕只有幽谷的雾气和风，将你的睡梦，安放。
朝露里欢脱，时醉而未醒，泄春光。
怕只怕情投意合的心，将你的香气，印上。

春兰　芬芳只暗持

　　花草树木本是自然之物，无所谓品性节操，但阻止不了前赴后继的仁人志士偏爱兰花，称它情怀高洁，其香也淡，其姿也雅，含蓄飘逸着的是君子之风，文化清流。兰花不可多得，繁殖不易，给它增添了珍贵的属性和神秘的色彩，以兰喻志，借兰抒情，画兰颂兰，小小的兰花成为中华文化中真善美的一个象征，足见其魅力之大。

　　上面提及的兰花，主要指兰科兰属中少数的地生兰，即国兰，古代称之为兰蕙，如春兰（*Cymbidium goeringii*）、建兰、寒兰、墨兰、蕙兰等。兰花文化源远流长，早在一千多年前，古人就开始栽培兰花了，还诞生了世界上最早的两部兰花专著，分别是写于 1233 年的《金漳兰谱》和写于 1247 年的《兰谱》，专门论述了兰属的地生种类和栽培经验。

　　文化魅力之大，培育年代之长，孕育出了内涵丰富的赏兰文化。叶、花、香，每个特征都是有很多学问的，为懂行的人津津乐道的，净是些细微之处的别有洞天，可真是要把外行人绕得不辨西东，如坐云雾。

　　外行看来的叶片都是细长条儿，在不开花的时候，好像还很容易与其他单子叶植物混淆，顶多宽窄、色泽略有不同，但在行家眼里，这些"条条"里有立叶、半立叶、垂叶、半垂叶、调羹叶、扭叶等不同造型，还有"爪""覆轮""缟"等专业术语，指叶尖端、边缘或条纹等特殊结构。毕竟花艺只能欣赏半月，叶艺却可以欣赏全年，叶艺兰成为当今国兰培养的主流趋势，有"云井""条银""暗银""中斑艺"等几十种艺性，对应叶片各式特点，那是园艺家们的拿手本事了。从植物学的角度看，兰属植物的叶子是有共性的，在叶基部的鞘内，包藏着球形或梭形的假鳞茎，春兰的假鳞茎比较小，是个小球。

　　以春兰为例，品鉴一下国兰的花。春兰的花冠有两圈，外面一圈是三枚萼片，称为外三瓣，正中一枚萼片为主瓣，下边两枚侧萼片为副瓣；里面一圈三枚才是花瓣，称为内三瓣，上方的两枚像手，俗称捧瓣，下方的一枚像舌，俗称舌瓣；中间一点是蕊柱，像鼻子，称之为鼻。了解这些构造的目的，是为了更好地欣赏不同兰花的奇妙。因为花瓣和萼片形状的差异，造就了不同的瓣型分类，自清代以来，江浙兰界将春兰名种分为梅瓣、荷瓣、水仙瓣、素心和奇种（包括蝶瓣）五类，到民国初年，评选出"春兰老八种"：宋梅、集园、龙字、万字、汪字、小打梅、贺神梅、桂圆梅，类似于双命名法中的品种名，大多采用了选育人的姓氏或者品种特点，进行命名。色彩也是一大欣赏点，春兰的颜色随海拔高度、山脉走向不同而产生区别，以淡黄和青黄色的基调为主，还有紫红、淡黄、翠绿和浅黄等颜色，生长在高海拔和低海拔阴凉处的春兰，色彩更艳，花朵更大。

"香"为兰之魂魄。春兰是国兰中香气最浓的一种，素有"王者香"的美誉。那种芬芳与任何一种现有的花香不同，更不似人工香水，你闻到的是落叶、山泉、湿润的土地和日光森林，清幽朴素，若有若无，只可意会不可言传。虽然我很期待有人能调制出一款春兰香，常伴身边，但又深觉那是不可达成之事。春兰之香不是没有缘由的，它唯一的传粉者是中华蜜蜂，春兰不会为它提供花蜜、花粉作报酬，可能只有通过强烈的香味将它引来。

春兰原产我国，主要分布于华东、华南地区，四川、云南、甘肃、台湾等地亦有出产，但以江苏、浙江所产春兰为贵。我在早春浙江的山里看到过春兰，和兰展中见到的它完全不同，小小一个身影躲在枯枝和常春藤宽大叶片的隐蔽之下，若不是有当地向导指引，绝无可能发现。四月初，天气还颇凉，春兰幽幽地开着，淡绿带黄的颜色，与周遭的环境无比融洽。我只觉它是这寸纯净空间幻化出的精灵，闻一缕幽香，便立刻爱上了它。它在那里，也只能在那里，才能保有这种草木山林合一的气氛。

兰花的滥采盗挖现象非常严重，大部分兰科植物都被纳入了珍稀濒危，当然也有生境退化的原因。春兰在自然状态下很难繁殖，自然结实率仅为6.67%，种子细小，种皮厚，种胚发育不完全，仅含脂类作为储存营养物质，须借助共生菌才能萌发，自然条件下萌发率极低。

春兰品种令人眼花缭乱，世人对它的追捧，可能出于情调也可能在于名利，多种元素交汇到一起，把春兰捧上高台，直到那一株野外的春兰，让繁杂退去，回归本真。有机会你也去春天的山里走走吧，没准儿会碰见春兰，静静享受这奢侈的邂逅吧，请你不要惊扰它。幽植众宁知，芬芳只暗持，尘世纷纷植盆盎，不如留与伴烟霞。

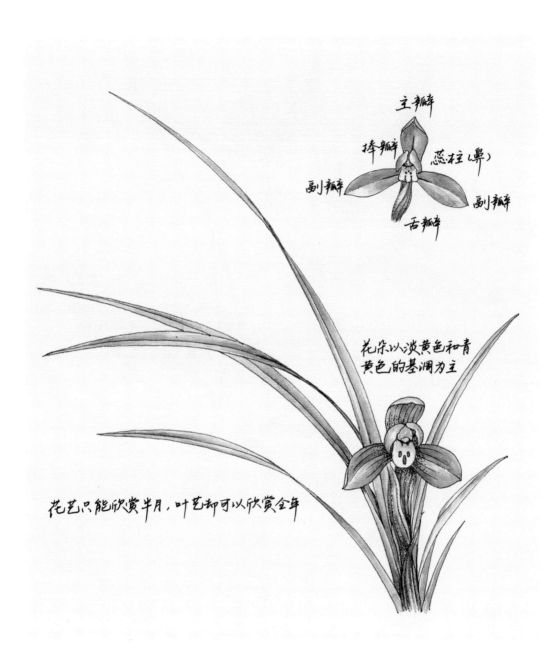

主瓣

捧瓣

蕊柱(鼻)

副瓣

副瓣

舌瓣

花朵以淡黄色和青黄色的基调为主

花艺只能欣赏半月，叶艺却可以欣赏全年

红豆树 *Ormosia hosiei*

爱恋浓密，千思万想，在装作若无其事的外壳里，藏着一颗不为人知的炽热心，纵使已焦灼燃烧，浓烈如火，却没有答案，亦没有尽头，只能以一颗泪、一滴血的形态，将这团火揉碎，结出小小的红豆。

红豆树　结一颗相思泪

　　"红豆"和"相思"是如影随形的一对搭档，世人借红豆歌颂爱恋之情、相思之忆，从王维的"红豆生南国，春来发几枝"，到王菲的"还没为你把红豆，熬成缠绵的伤口"，时移世易，但红豆的柔情蜜意却不减半分。早在先秦时期，就产生了关于相思树的传说故事，这颗赤如红珊瑚的豆子，似有魔法，在两千多年的时间里，为一段段凄美的爱情渲染色彩。正如象征着自由超脱境界的"青鸟"一样，"红豆"也是中华文化中内涵丰富的意象。中国著名诗人余光中呼吁，用红豆抵抗玫瑰，以中国的情人节，抵抗西方的情人节，我觉得是有些道理的。

　　第一次见到红豆树（*Ormosia hosiei*），我看到的不是鲜红的豆子，而是一段坏死的树枝，红豆树被虫子钻蛀了，树皮上有一个个圆形的虫孔，还能看到幼虫堆在那里的粪粒，树皮下有曲曲折折的虫道，无奈之下，只好锯掉。修树的老师告诉我，红豆树的木质很坚硬，修整起来并不容易，和很多其他上好的木材一样，它的生长速度很慢。后来我知道，钻蛀危害的虫子是堆砂蛀蛾，它以幼虫钻蛀嫩梢造成枯死。红豆树的边材易受虫蛀，不耐腐，利用价值不高，但是深褐色的心材，坚重细腻，纹理别致，有光泽、耐腐朽，是上等家具、工艺雕刻的珍贵用材，著名的浙江龙泉宝剑，其剑柄和剑鞘皆为其心材所制。

　　由于经济价值高而遭到人为砍伐，再加上生境明显退化，这种我国特有的植物目前在野外数量稀少，大树更是寥寥，已被《中国生物多样性红色名录》列为濒危等级，为国家Ⅱ级重点保护野生植物。红豆树自然分布广泛，从江西、福建、贵州一带，一直向北，最北可以分布到陕西南部、甘肃东南部，它是红豆属中分布纬度最高的种类，较为耐寒，在江苏也生长良好。

豆科植物和人类的关系亲密，因为它们能提供植物蛋白，人类对豆科植物栽培驯化的历史悠久，各式豆子是餐桌上的常客。豆科植物的特点很好辨识：羽毛状或三小片连在一起的复叶，蝶形或假蝶形的花冠，果实为荚果。

带着这些特征，回到红豆树身上。每年春夏，它长出茂盛的羽状叶，最初有些细毛，长成后变得光滑油亮，浓绿中带黄。四五月间，顶梢或叶腋生出白色的花序，每朵花由三种不同形状的花瓣组成，分别称为：旗瓣、翼瓣和龙骨瓣，拼在一起如翩飞的蝴蝶，黄色的花药，着生在飞扬向上的雄蕊尖端，一副翘首以待的架势，整朵花很有设计感；红豆树开花分大小年，不是每年都能凑巧看见。红豆树的豆荚扁圆，两头尖，绿色的豆荚，干后变成褐色。整株植物毫无奇特之处，直到豆荚炸裂的一瞬，惊觉所有铺垫只为揭开谜底的此刻。天哪！是什么能令它结出这般圆润红亮的扁豆子呢？

红色，完美的红色，像珊瑚、似玛瑙，浑圆抛光，自然发亮，怕不是有谁给它涂上了油漆？夺目的红色，不似自然之物，要不是看见偏在长轴一侧的种脐，任谁也不能相信这是植物的种子，更奇妙的是，这红经久不退，收集几十粒，串成手链，衬得肌肤雪白，叫姑娘喜欢。

其实不仅仅是红豆树有这样出众的种子，红豆属、海红豆属和相思子属中的很多植物的种子，都是鲜红发亮的，有的种子一部分为鲜红色，一部分为黑色。作为相思之物

豆科植物常见的羽状复叶

花朵形如翩飞的蝴蝶

61

豆荚裂开，露出圆润红亮的种子

的红豆，是值得研究的东西。以王维的诗为例，"红豆生南国"中，提到的"南国"究竟是指岭南一带，还是长江以南？诗中的红豆到底是指哪一种植物？历来说法不一，有人说是红豆树，有人说是海红豆，还有人认为是相思子。我觉得这些都不重要，相思的基本条件是有情人的分离，相思的基本状态是柔肠百转，摧心裂肺，把强烈的感情寄托于小小的红色豆子，至于这豆子是何学名，相思中的人儿哪有心情去探究？

爱恋浓密，千思万想，在装作若无其事的外壳里，藏着一颗不为人知的炽热心，纵使已焦灼燃烧，浓烈如火，却没有答案，亦没有尽头，只能以一颗泪、一滴血的形态，将这团火揉碎，结出小小的红豆。或许每一种距离都有它存在的意义，不是有情就有幸看岁月细水长流，可是偏偏要借酒浇愁，衣带渐宽，偏偏要捧在掌心，时刻也不能放下这小小的红豆。

"不能寄你一整个春天，但请收下我长久的寂寞，凝结成的这一滴心血。"思念，也许真的是一种病。

盾叶薯蓣 *Dioscorea zingiberensis*
风怀其中，
默默垂，
是那条琉璃耳坠。
林缘、空谷流华追，
是谁，还有谁，
常与君依偎。

盾叶薯蓣　琉璃耳坠动我心

　　记得那是一个初夏，我像往常一样揣着相机在中山植物园的药物园里漫无目的地游荡，在经过那个矮小破旧的藤架时，也像往常一样随意地瞥了瞥缠绕其间的盾叶薯蓣（*Dioscorea zingiberensis*），和往常不同的是，在这一瞥之后的一秒钟里，我就彻底爱上了它。

　　那天，这种草质藤本向我展现出它隐秘的花序，纤长、细嫩，一串串小手指长的花序低垂着，在宽阔平展的盾形叶片下若隐若现。和周围许多植物的花相比，它实在是太不起眼了，精妙得像空灵的音符。花序上点缀着暗紫色的小花，选择这种色彩涂抹花朵的植物，还真是另类。在药物园里，我能想到的还有木通、柳叶白前和细辛，如果说花朵吐露着植物内心的秘密，那么它们大概是精神上的知己吧。盾叶薯蓣的这些小花儿一左一右，次第排开，它美好的造型可以直接拿来做成耳坠，一定要用剔透的琉璃材质，最好搭配一条白色的连衣裙。我知道，那一刻牢牢吸住我视线的，不仅是这些"琉璃耳坠"，还有内心被唤起的柔软。盾叶薯蓣，一个怎么听怎么厚而钝的名字下，竟然藏着如此细腻的灵魂，柔软得让人不禁要心疼起它来。

　　薯蓣这个词看起来很是陌生，但要是我说起山药，你肯定是知道的，薯蓣其实就是山药的学名，吃了那么多山药炖鸡汤、山药炒木耳，你可见过山药长在地里的模样？薯蓣属的植物都是缠绕藤本，通常雌雄异株，长着光滑纤细的茎，有根状茎或块茎藏在土里，

三棱球形的果实

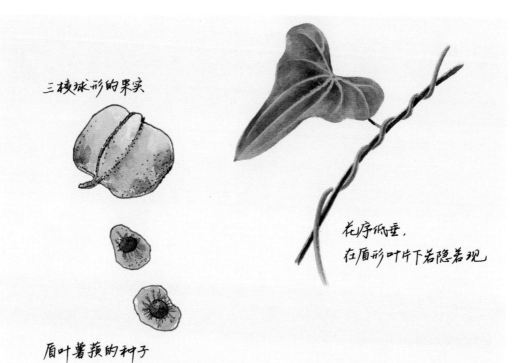

花序低垂，
在盾形叶片下若隐若现

盾叶薯蓣的种子

小花一左一右，次第排开，
这美好的造型可以直接
拿来做成耳坠

根状茎中含有颇为丰富的薯蓣皂苷

66

有的种类在叶腋有一种奇特的珠芽结构（或叫零余子），掉在地上就可以直接长出新的植株了，它们的果子猛看是个球，细看是扁扁的三棱形，我们食用的"山药"，其实就是薯蓣长在地下的块茎。这个属的植物有很多非常有用的种类，除了薯蓣，还有甜薯、参薯、薯莨，能利用的部位大多是块茎和根茎，有的能食用，有的能药用，还有些可提制栲胶和作酿酒的原料。

盾叶薯蓣也是这个家族的，又被称为黄姜、火头根。它在外形上保有着上述的家族特点，而其功能在家族中足够引以为豪，它的根茎含有薯蓣皂苷——一种用途广泛的化合物，能够脱敏、祛痰、抗炎、抗衰老、调节免疫等，可用于多种疾病的治疗。薯蓣皂苷脱去糖苷键，可以生成薯蓣皂苷元，它是一种重要的药物中间体，用它做原料合成的口服避孕药、肾上腺皮质激素类药物有百余种，其需求量仅次于抗菌药物，素有"医药黄金"和"激素之母"之称。

盾叶薯蓣根状茎中含有颇为丰富的薯蓣皂苷，除此之外，那个神奇的膨大的部位里，还富含淀粉和膳食纤维，由于具有重要的经济价值，盾叶薯蓣长期遭到滥采乱挖，这种中国特有的药用植物，野生资源濒临枯竭，写到这里，不禁又一次地心疼起它来。盾叶薯蓣分布于河南、湖北、湖南、陕西秦岭以南、甘肃和四川，森林、沟谷边缘的路旁，那些腐殖质深厚的土层、石隙都是它经常出没的地方。

因为看过了这株盾叶薯蓣的花，我就一直在守候它那一季的果，当然也是被我等到了，精巧的三棱球，外面铺着一层白粉，果熟期，逆着光可以隐约观察到果实里面有两枚种子。它再一次激动我心，那串弱不禁风的"琉璃耳坠"竟然孕育出这样结实的大果子，更别说埋藏在土里的根状茎和根状茎里那些奇妙的成分了。我猜测，它能带给我的惊喜还远远不止这些，它的家族能带给人类的福音，也肯定远远不止这些……

夏蜡梅 *Calycanthus chinensis*
初夏的午后，阳光倾泻，透过叶片间的缝隙，点亮了花间的一个个小酒盅。

夏蜡梅　花间一盅酒

　　提起蜡梅，人们会想到它严寒里傲骨峥嵘的倔强，和冷风中暗香浮动的温柔，高冷与清新，矛盾统一的存在。由于蜡梅的特点深入人心，第一次听闻还有"夏蜡梅"这种植物的时候，颇为诧异，夏天也有蜡梅？可还是我们心中的形象？

　　夏蜡梅（*Calycanthus chinensis*）花大叶大，果实如瓶。它的花一定是经过了精巧的设计，分为内外两轮，外轮纯白，边缘常带有些许淡紫，在完全绽开时形如一只大碗；内轮质地更加厚实，形如一只圆鼓鼓的小酒盅，其内包裹着雄蕊和丝状伸长的花柱。"小酒盅"由外至内，黄白渐变，常缀有淡粉紫色的斑点。这双层构造仿佛是为了更好地烘托出中心的那只"小酒盅"，吸引过往的昆虫。

　　花大惊艳，淡彩娇憨，这夏天开放的蜡梅其形其色，都是出类拔萃的美人，就算不带一丝香气，也绝不会叫人失望。

　　和花朵给人的感觉一样，夏蜡梅就是这么一个温和得恰到好处的存在，它不高也不矮，1～3米的个头，是中等身材的灌木。它常选择溪谷、林下这些较荫蔽湿润的环境，如果夏天阳光太强，反而长势不好。它需要恰恰好的温湿度，选择了四季分明，气候怡人的浙江昌化镇、天台县等地的山区，并只在这一小块区域内有分布。和其他很多的珍稀植物一样，若不是植物学家们碰巧在浙江的深山里发现了它，它此时应该还在讲述着不为人知的故事吧。

　　关于夏蜡梅的故事，有一个十分有趣，那便是关于它的"血缘"。夏蜡梅有一位远在北美的亲戚——美国蜡梅，为美国特产。同为夏蜡梅属的植物，一个中国特产，一个美国特产，虽是亲戚却隔洋相望，这就是著名的东亚—北美间断分布的案例。地球上任何空间的历史位移都是连续的，在侏罗纪末期和白垩纪早期，东亚北美地区和北极地区

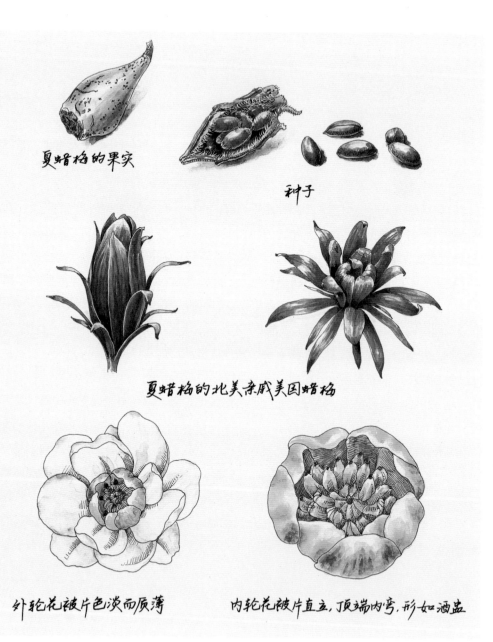

夏蜡梅的果实

种子

夏蜡梅的北美亲戚美国蜡梅

外轮花被片色淡而质薄

内轮花被片直立，顶端内弯，形如酒盅

陆地相连，气候相似，植物也大致相同。白垩纪末期，地球上发生了大规模的板块运动，欧亚板块与北美板块逐步分离，白令海峡形成，导致植物间的联系逐渐减少，而形成间断分布。夏蜡梅与亲戚美国蜡梅的间断分布，就是大陆板块漂移说强有力的证据之一。这样的例子还有不少，金缕梅、鹅掌楸、扬子鳄等，它们都有远在北美的亲戚。时至今日，大量研究发现，有 120 多个属跨越大洋，一部分在东亚，一部分在北美。

夏蜡梅是我国特有的孑遗植物，现被《中国生物多样性红色名录》列为濒危等级。它的自然分布区域非常狭窄，在部分产地，由于破坏严重，夏蜡梅的种群既小又分散，这对于种群间的基因交流是非常不利的。人们研究了夏蜡梅的遗传性，发现各种群间具有明显的地域特征，比如在天台县的大雷山，那里的夏蜡梅以纯白色居多，而在杭州临安区清凉峰马啸村，则有很多粉红色花朵，甚至在同一个地点可以看到纯白至粉红，各色的花朵，不仅颜色变化令人惊奇，多变的还有花朵大小、花被片数量、形状以及雄蕊数等。

夏蜡梅目前的分布特性，导致其在各自隔离的小居群内，近亲交配频率很高，遗传多样性下降；而居群间极少的交流，又会导致遗传分化加剧，使其进入了一个恶性循环。遗传变异能力的不断下降，可能是导致夏蜡梅逐渐沦为濒危种的第一个原因。

此外，夏蜡梅的开花属于"集体开花模式"，这种模式会增加花粉在自身和邻居间的传递，有助于传粉成功，然而却不利于花粉在群体间的扩散。加上夏蜡梅自然分布区荫蔽、湿润，传粉昆虫不多而且活动困难，这些因素都会不同程度地导致自交和近交衰退。这种开花模式也可能是导致它濒危的第二个原因。

人们还发现，夏蜡梅的光合作用能力与主要伴生植物相比较弱，这使得它在群落竞争中处于劣势，这可能是阻碍种群扩展的第三个原因。

初夏的午后，阳光倾泻，透过叶片间的缝隙，点亮了花间的一个个小酒盅。美人呐！希望你生生不息。

鹅掌楸 *Liriodendron chinense*
秋天是一千年来绵绵无期的但愿人长久,
是飘荡在清晨薄雾里的阵阵桂花香,
是被秋雨熨帖在柏油路上的那一件湿漉漉的黄马褂,
是寒风乍起的傍晚里早早亮起的万家灯火,
和等待在这灯火中的一碗热气腾腾的汤。

鹅掌楸　裁好马褂待秋凉

　　植物的命名，是个非常有意思的学问。翻开植物志，奇怪的名字成把抓，有些十分霸气，比如独活、远志、无患子，有些极其通俗，比如猫乳、鸡屎藤、打破碗花花，有些颇具诗意，比如重楼、凌霄、半边月，还有的名字像成语像人名，就是不像植物名，比如十大功劳、王不留行、徐长卿……无论雅俗，都是起名人根据植物的特点、用途或者背后的故事，花了一番巧心思的。比起这些饶有趣味的名字，还有一类更为常见的植物名，采用拟物的方法命名，让未见此植物的人，心中已有几分大略的想象，比如鼠尾草、鸡爪枫，还有本文要写的植物——鹅掌楸（ *Liriodendron chinense* ）。

　　鹅掌楸的叶形十分奇特，像鹅掌又似马褂，因此它又名马褂木。鹅掌楸的辨识度极高，除了远在北美的亲戚北美鹅掌楸，和它们的结晶杂交鹅掌楸外，在植物界里再没有这马褂形叶片的乔木了，几乎不可能将它错认。鹅掌楸的叶柄长，叶面大，一片叶子常常有成年人大半个手掌大小。细细端详，这叶片平截的顶端，是马褂的下摆；基部连接叶柄的叶片下缘，仿佛量身定做的马褂的肩部线条，基部两端向外突出的两个裂片，活脱脱就是一对袖子。鹅掌楸是可以高达 40 米的落叶大乔木，不仅叶片独特，花果也是绝无仅有的造型。它的花单生枝顶，3 轮花被片合抱而立，呈内敛低调的黄绿色，具有橙色的纵条纹，形如优雅的郁金香，又被称为"郁金香树"，聚合果由翅状小坚果组成，形如纺锤。

并非鹅掌楸自己将叶、花、果设计得如此别出心裁，而是和许多其他的珍稀濒危植物一样，在漫长的进化征途中，与它近缘的种类逐步灭绝，"亲戚"都消失了，才显得它与众不同罢了。鹅掌楸，这一独特的木兰科植物，是古老的被子植物，孑遗植物，也中国家Ⅱ级重点保护野生植物。作为中生代侏罗纪时期就已出现的植物，它的悠久历史可以与水杉、银杏相提并论，可那些著名的孑遗植物，多为裸子植物，像鹅掌楸这样的孑遗被子植物，是格外稀有的。鹅掌楸原本分布于北欧、格陵兰和阿拉斯加等地，在6500万年前的新生代古近纪之初，由于气候变化，它们被迫适应环境，节节南下，经过千万年的迁移和演化，直到200万年前的第四纪冰川时代，才终于在我国南方和美国东南部安定下来。与之前提到的夏蜡梅一样，鹅掌楸也是洲际间断分布的典型案例。

　　鹅掌楸是异花受粉种类，需要昆虫来传粉，但它清淡的花色对昆虫缺少吸引力，花期在四五月份，正值长江流域多雨季节，昆虫活动常常受阻，影响花粉的传播和受精，结实率低。鹅掌楸的雌蕊在含苞欲放时业已成熟，花瓣展开后，柱头很快变褐，无法受精，雌雄配子败育现象普遍存在，还存在花粉管生长受阻，胚和胚乳发育不协调等现象。同时，鹅掌楸又具有神奇孤雌生殖现象，不用受精也能繁衍后代，在未受精的情况下，雌蕊虽

三轮花被片合抱而立

花形如优雅的郁金香

抖去一身青葱色，马褂木迎来了"象征尊荣"的金秋时分

75

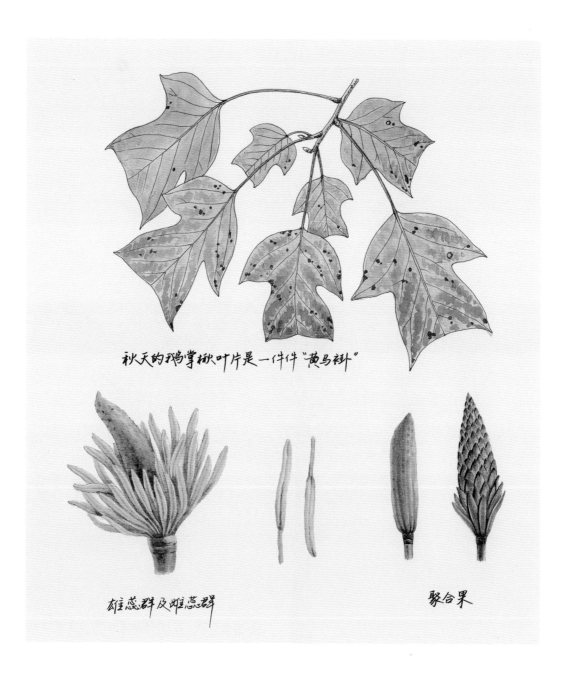

秋天的我鹅掌楸叶片是一件件"黄马褂"

雄蕊群及雌蕊群

聚合果

能继续发育，但是收效甚微，这样发育而来的种子生命力弱，发芽率低，这一机制似乎是一种对抗本身弱项的挣扎。在自然条件下，鹅掌楸的种子饱满率一般不到 15%，种子发芽率更是在 5% 以下，生殖障碍是鹅掌楸濒危的主要原因。

树干通直、树冠优美，春夏绿荫浓盖、秋冬落叶让出阳光，抗污染、耐瘠薄、易管理等是行道树的主要特征，鹅掌楸恰好具备这些优势，是世界五大行道树种之一。除了道路两旁，在庭前院后也常常能找到它。在中山植物园中心区的很多地方，都种植着鹅掌楸。和银杏一样，鹅掌楸也是个平易近人、贴近百姓的珍稀濒危植物。脱离濒危真正的途径在于合理地加以利用，让人们能看到、能用上、能触摸、能感受，那么它就真正摆脱了濒危的厄运，获得了新的转机。

伴随着地球的公转，秋季如约而至，天气转凉，马褂木接收到信号，开始减慢生长，叶片里的叶绿素大量消失分解，其他色素的颜色便显现出来，抖去一身青葱色，催生出第一片黄叶。马褂木一定比别的植物更期待这一刻，因为那可是一件象征尊荣的"黄马褂"，清宫剧里常有这样的情节，"万岁爷"赏谁一件黄马褂，其实并不是指皇帝真的要送谁一件衣裳，往往只是给了一个穿黄马褂的资格而已。一个名字，一种颜色就可以是一个象征的符号，对于马褂木来说，拥有成熟的时候就必须要失掉青涩。大自然从来只出单选题，这种气氛是否恰似人类长出了第一根白发？可以解读为衰老，亦可以解读为阅历。

秋天推进着每年青涩到成熟的转化，编写着岁月催人老的注脚。秋天是云淡风轻，是层林尽染，是暑假的结束，是收获的开始，是一千年来绵绵无期的但愿人长久，是飘荡在清晨薄雾里的阵阵桂花香，是被秋雨熨帖在柏油路上的那一件湿漉漉的黄马褂，是寒风乍起的傍晚里早早亮起的万家灯火和等待在这灯火中的一碗热气腾腾的汤。

马褂已裁好，且待秋凉。

七子花 *Heptacodium miconioides*

一双魔术手，
红白两身裙，
时来风雨芳菲过，
落尽成泥也是歌。

七子花　江南奇葩

　　欣赏大乔木的花朵，经常要仰起头来，难免瞧了又瞧，也不真切，探访草本的花朵，经常要俯下身去，难免摘去几朵，也不过瘾，为弥补这些缺憾，在园林里栽种灌木或小乔木就成了不错的选择。它们合适的体型，不仅增加了空间层次，也亲近了游人，或闻或赏都信手拈来。忍冬科植物是出产著名观赏灌木或小乔木的家族，荚蒾属（Viburnum）、忍冬属（Lonicera）、六道木属（Abelia）、锦带花属（Weigela）……个个美妙绝伦，为丰富园林景观提供了绝好的素材。在这个人才济济的家族里，还有一个美貌出众、旷世稀有、我国特有的单种属——七子花属（Heptacodium），以仅有的一种植物七子花（Heptacodium miconioides）诉说着它对自然的独家告白。

　　花如其名，七子花真的是有"七朵花"的，它的圆锥形花序，是由多轮紧缩呈头状的聚伞花序组成的，每个头状聚伞花序里一般都包含七朵纤小的白花，这就是七子花一名的由来。花又不尽如其名，虽叫"花"，但七子花其实是灌木或小乔木，常常以枝繁叶茂一大团的形象示人。树皮糙，片片剥落，叶片厚，两两对生，叶片上的三出脉是个非常好认的特征。七子花的三出脉跟樟科、野牡丹科等具有三出脉的植物不同，它的三条叶脉在叶片上比较集中，外面的两条，像深深的折痕，叶缘沿着这两条折痕向上翻翘，叶片顶端还有个长尾尖，很有辨识度，仅需一片叶子，就可以认出七子花来。

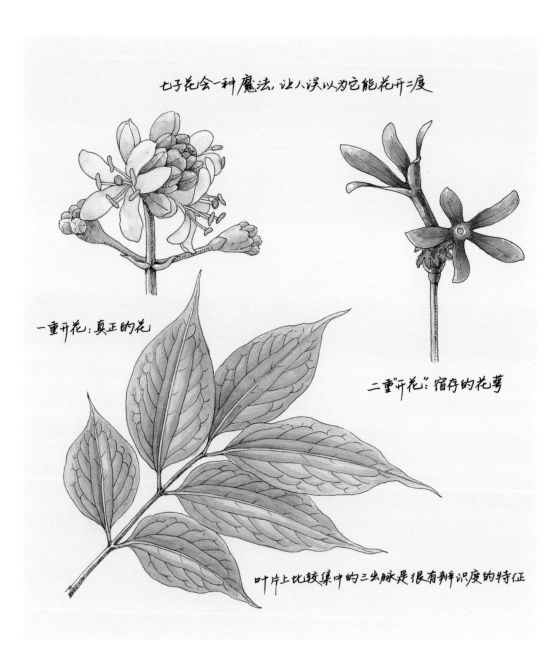

七子花会一种魔法, 让人误以为它能花开三度

一重开花: 真正的花

二重"开花": 宿存的花萼

叶片上比较集中的三出脉是很有辨识度的特征

七子花会一种魔法，让人误以为它能花开二度，第一次开花是在六七月，是它真正的花，一簇簇的白色，文雅却也隆重；第二次"开花"在这之后，竟然是一团团的紫红，热闹却也沉稳，其实那是它宿存的花萼。这花萼有五个深裂，每个裂片呈细长的椭圆形，裂片纷纷外张，像是同一棵树又开出了一批完全不同的花。神奇的是，花萼只会在花谢之后才慢慢增大，颜色逐渐变深。初识七子花时，我颇为迷惑，待弄清之后，只能对它连连赞叹：这白花与"红花"，不一样的花衣，一样的迷人，孰能不爱？作为观赏植物，七子花堪称完美，让我借用那句歌词："谁把你的叶片折起，谁给你做的花衣？"

七子花的价值并不局限于观赏，通常单型属植物，往往在系统演化和区系分类上具有重要的学术价值，可是我国这一珍贵的特有的植物，正面临着生死存亡的考验。

曾经，已经为数不多的七子花，产于湖北兴山县、浙江天台山、四明山、义乌北山、龙港镇汤家湾村及安徽宣城市泾县等地，后来湖北兴山县的种群不幸灭绝。目前，在整个地球上，只有浙江和安徽的少数地方，还能找到小片残留的野生七子花。它们多生于悬崖峭壁、山坡灌丛和林下，由于生境的不断恶化和人为破坏，种群数量和分布范围还在不断缩小，毫无悬念地沦为濒危种。七子花被《中国生物多样性红色名录》列为濒危等级，为国家Ⅱ级重点保护野生植物，成为名副其实的江南珍葩。

凡事有果必有因，历史时期气候的变迁，可能导致七子花生存境遇恶化，近几十年来人为干扰的加剧，逐步形成了种群片断分布的现状，从而进一步导致了七子花较低的遗传多样性水平和种群间明显的遗传分化，由此产生了有性生殖障碍，生态适应能力锐减，恶性循环是很多其他濒危植物的症结：路越走越窄，世界越小越窘迫。如今的野生七子花已十分脆弱，即使是少量的人为干扰，也是生死攸关的威胁，保护野生七子花资源已刻不容缓。

一双魔术手，红白两身裙，我不知道七子花的魔术背后藏有多少秘密，但我知道就魔术的独特性本身，正提醒着我们它难掩的无助。

苏铁 *Cycas revoluta*

虽然没有办法和宇宙的永恒和无垠相比，但生命那前赴后继的顽强，那天马行空的创造，坚守与变通，平静与激荡，使我意识到有限的生命体可能包含着一种无限。

苏铁　生命的激荡

　　我特地查了词典，"铁树开花"确实是则成语，比喻事情非常罕见或极难实现。铁树是苏铁（*Cycas revoluta*）的俗名，因为这个被写进词典的误会，常年来我对苏铁一直有三个误解：第一，误以为铁树开花真的是件百年难遇的、非常了不起的事情，可事实是，苏铁虽然生长缓慢，在长江流域以北很少开花，但在南方生长十年以上的苏铁，几乎年年开花，可见最初写出这句成语的是个北方人；第二，误以为铁树是种高大的"树"，配上前面那个"铁"字，这个名字多么刚毅啊！我怎么能接受它竟然常常以花坛或花盆为载体，矮墩墩地出没在路边的事实呢？超过两米的苏铁也有，只是非常稀少，在城市里是很难见到的；第三，误以为苏铁的花应该相当好看，因为它让我很自然地联想到了，同样以开花难得一见而著称的昙花，后者美得像个皇后，可前者是个雌雄异株的裸子植物，连我们通常认为的花的结构都没有。

　　我还怀疑是因为这则成语的流传，导致现实生活中人们把苏铁开花誉为祥瑞之兆，进而引申出苏铁的摆放对室内环境的影响等理论。

　　不过话说回来，苏铁的确是独特的，独特得近乎古怪。它圆柱形的树干凹凸不平，有明显螺旋状排列的菱形叶柄的残痕，简直就像是粗粝而厚重的恐龙皮肤。它开展的羽状叶子就更不用说了，棕榈的叶子和它有一点点形似，属的拉丁名 Cycas 来源于希腊语 kykas，指一种在埃及生长的棕榈，可叶片质地就相差太多了。苏铁的叶子坚硬得要叫人绕着它走，初生的叶片拳卷着很可爱，但长大了以后就变得不太好惹。也不是所有苏铁属的植物叶片都坚硬，有些十分柔软，还会分叉，如青竹扫台般诗意，但有些叶柄上有刺，不过可能恐龙不会觉得扎嘴，可以大嚼特嚼。

最古怪的是苏铁的花，因为是裸子植物，所以准确地说，应该叫大孢子叶球（雌花）和小孢子叶球（雄花）。小孢子叶球是圆柱形的，像座黄色的松塔，让人感觉它们很团结。远看大孢子叶球，你会以为是哪只鸟这么会挑地儿，在苏铁正中心筑了一个窝。走近一瞧，筑巢的材料像一片片凤凰的尾巴，那是它的大孢子叶，成熟时能看见"窝"里藏着橘红色的种子，所以苏铁又叫"凤凰蛋"，在一处"凤凰窝"里藏着几枚看着就不同凡响的"蛋"，我喜欢这个名字，真是太形象了。苏铁这种包装种子的方法，可能是白垩纪、侏罗纪时期很流行的，说不定就是跟恐龙学的。

苏铁的这种古怪有自成一派的美感，四季常青的它是营造亚热带风光的不二选择。

我总是说起恐龙，你大概可以猜到，苏铁又是一种"活化石"。苏铁类植物是现存最古老的裸子植物，起源于 2.6 亿年前的二叠纪（一说是 3.2 亿年前的石炭纪），在侏罗纪时达到鼎盛，和恐龙一起主宰当时的地球，是植食性恐龙的食物来源之一。之后大部分苏铁种类相继灭绝，现在全世界的苏铁类植物仅有 3 科 11 属，不足 300 种，灭绝一种，少一种。苏铁都被《中国生物多样性红色名录》列为极危等级，被《国家重点保护野生植物名录》种被列为Ⅰ级保护，是禁止非法进出口的。

属于它们的时代已经过去，更加进化的被子植物替代掉了它们的生存空间，但是能穿越岁月的长河活到今天的苏铁类植物，还是很有些能耐的。强烈的求生欲使它们具有很强的抗逆性，风吹雨打、干旱炎热、火烧毒气，通常都能应付，在二氧化碳浓度递增的恶劣气候下，也能活得不错。它在变化的环境里，学会了忍耐、适应、变异和生存，而且它的寿命很长，有的可以达到 200 年。它不紧不慢地长，像饱经沧桑的智者。

如果苏铁没有药用价值，那才叫人惊讶，它的坚强一定源于内在的化学成分，苏铁全身均可入药，有理气活血、祛风活络等功效，可以治疗很多疾病。这又一次让我们坚信，人是来源于自然的，人是不能割裂于自然而存在的。

大孢子叶

苏铁的种子　　团结的小孢子叶球像黄色的松塔

圆柱形的树干凹凸不平，
有菱形叶柄的残痕

我听研究苏铁的朋友说，在研究它们的过程中，她好似慢慢地浮上了天空，在那一座座绵延万里的高大山脉之上，看苏铁的居群分布，看它们的壮大和缩小，看它们生生死死、颠沛流离和艰苦卓绝的抗争，偶尔还会窜出一只恐龙。我想象她描绘的情景，像是这颗星球上闪现的灵光，是我们这些短暂和年轻的生命所不能完全理解的，除了对它们保持敬慕、对它们的存在给予保护、尊重和保持好奇心之外，没有更好的做法。

　　萝赛说"我只可能在生命的历程中看清演化的面貌，这历程无所不在，拥有上帝般的模样。生命并不等于生物体本身，也不是一棵树，而是创造树的那双手。"我们知道不管什么形式的生命，单个的生命体都是极其有限的，几小时、几星期、几十年，红杉和苏铁算是很长的了，也只有几百年罢了，但是把所有的生命放在一起，去看整个生命的进化史，你就断不能因为有限而小瞧它们。虽然没有办法和宇宙的永恒和无垠相比，但生命那前赴后继的顽强，那天马行空的创造，坚守与变通，平静与激荡，使我意识到有限的生命体可能包含着一种无限。

　　天上的星儿越来越淡，太阳升了起来，在茂密的群山之中，晓雾笼罩着苏铁，在地球围绕太阳旋转了 2 亿多个圈儿之后，属于苏铁的又一个早晨开始了……

珊瑚菜 *Glehnia littoralis*
看日升日沉、云卷云舒，
听浪吞浪吐，潮起潮落。
再一次感受这明媚的景象，
向海而生的灵魂，
梦里才是你的家乡。

珊瑚菜　向海而生

　　如果植物也会开派对，那么按照珊瑚菜（*Glehnia littoralis*）行事低调的个性，它一定会躲着人群，坐在角落里默默喝着可乐；如果植物也会走服装秀，那么珊瑚菜大概就是那个小麦肤色，叛逆又自由的波西米亚女郎。既向往安静的世外桃源，又追逐狂野的奔放不羁，这就是珊瑚菜，一个向海而生的灵魂，用它矛盾的秉性和对这一秉性的执着，表达着不屈服于外界压迫的倔强和对大海的爱。

　　别人都寻找怡人的柔光沃土，珊瑚菜偏不，放着舒坦的平原、湿润的山谷不去，非要跑到风大、浪大、严寒、暴晒、还盐碱化的沙滩上去安家，它这是得拥有多么盖世的武功，才有底气走上一条险路啊！为了梦想中的自由地，珊瑚菜见招拆招，风大、沙砾，它就缩小身形、紧贴地面，将粗壮的根深扎沙层。沙土盐碱，它就进化出一套抗盐碱的看家本领，不仅生长良好，还成了抗盐碱植物的"代言人"——盐碱土的指示植物。珊瑚菜的分布范围很广，北至辽宁，南到广东的沿海各省都有分布，朝鲜、日本、俄罗斯也有，如此之大的纬度跨度，至少说明了它是一个对温度适应性很强的物种，它喜欢温暖湿润，但也能抗寒、耐旱。珊瑚菜的这些特性，使它与矮生苔草、砂引草、筛草等其他沿海植物一起，成为海岸固沙和盐碱土改良的功臣，硬是把我们想象中的不毛之地，

白色的伞形花序-小圆-小圆地挤在-起

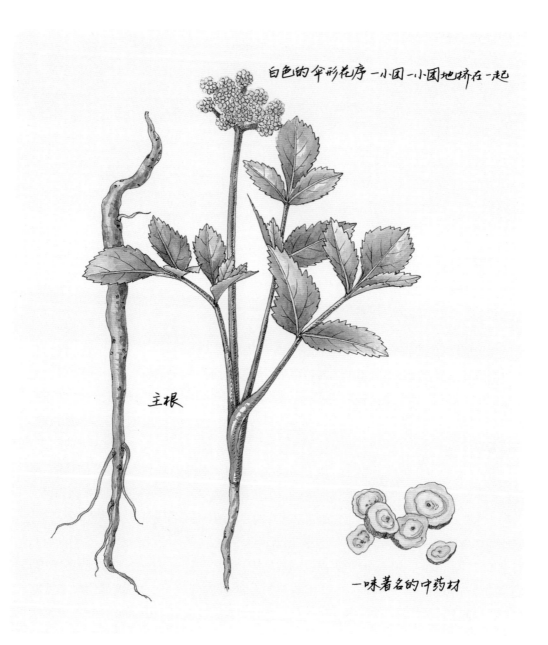

主根

一味著名的中药材

变成了自己繁衍生息的理想国。

生长在特殊生境里的植物，都有它的过人之处，必然会具有特殊结构的化学产物，结构又决定着功能，因此珊瑚菜具有很好的药用价值，一点也不令人诧异。珊瑚菜又叫北沙参、海沙参、莱阳参等，与人参、玄参、丹参、党参并称为五参，它粗壮的主根是一味著名的中药材，有清肺、养阴止咳的功效，嫩茎叶还可以当作蔬菜食用，是一种独特的野味。

在植物园里可以找到人们迁地保护的珊瑚菜，没有了风浪，也摆脱了盐碱，珊瑚菜当然也是能生长的，但是，珊瑚菜还是那个珊瑚菜吗？我觉得这只是一个被圈养起来的、没有灵魂的躯壳而已，像一份少油无盐，不酸也不辣的酸菜鱼。不过这倒是让我们有机会能仔细观察它，这种伞形科的多年生草本，全株长有白色柔毛，粗壮的茎上着生着边缘带波浪的油亮叶片，叶片厚实，羽状分裂，一副精明能干的样子。夏秋时节，它的伞形花序开出白色的花，一小团一小团地挤在一起，白珊瑚一般精美。果实当然也是聚在一起的，最初是毛乎乎的小球，成熟后果实上的棱就很明显了。

珊瑚菜现在被《中国生物多样性红色名录》列为极危等级，是国家Ⅱ级重点保护野生植物，令它濒危的原因有内在和外在两个方面。一方面它的生境狭隘，种群小、种子萌发困难；另一方面，人为破坏对其造成了致命性的打击。江苏、山东和浙江沿海曾分布有大量的珊瑚菜，但由于近年来沿海滩涂开发，海砂采挖、围垦和旅游资源开发等活动，将珊瑚菜逼向了绝路。以连云港连岛分布的一个居群为例，由于建设海滨浴场，原有的约380株珊瑚菜，连同其他砂生植被一同消失了。如今，江苏沿海野生珊瑚菜种群被证实已灭绝，而山东的种群大小和种群密度也逐渐趋于衰退。这是多么骇人听闻的消息，野生珊瑚菜全线告急！

我一直在想，珊瑚菜趴在东海的沙滩上，是一种什么状态？它从宇宙的某个深处走来，高唱着自由的歌，追逐着咸湿的海风，这倔强的物种，以为这样便可以与世无争。可谁料剧情急转直下，不到百年的工夫，海水由清变浑，沙滩变成浴场，就这样，厄运像一匹脱了缰的烈马飞驰而来，不打一声招呼。大海没有将珊瑚菜击退，打败它的是人类的挖掘机，可能直到被铲前的最后一刻，珊瑚菜都没有明白发生了什么。它哪里会明白，比大海更深的是天空，比天空更深的，是人类的欲望。

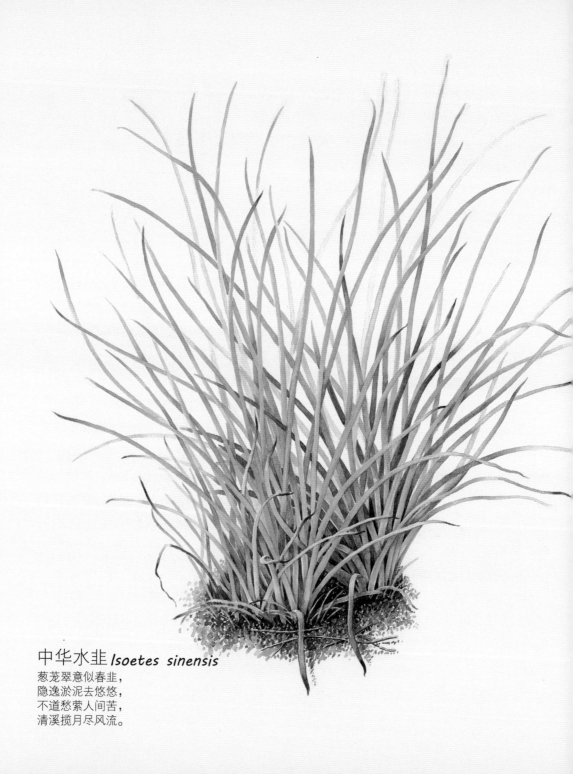

中华水韭 *Isoetes sinensis*

葱茏翠意似春韭，
隐逸淤泥去悠悠，
不道愁萦人间苦，
清溪揽月尽风流。

中华水韭　湿地精灵

　　对中华水韭（*Isoetes sinensis*）这个名字，我听闻已久，可目睹其芳容，中间却隔了三年，真是芳踪难觅啊！中华水韭作为我国特有的水生蕨类植物，如今已濒临灭绝，被《世界自然保护联盟（IUCN）濒危物种红色名录》列为濒危等级，是国家 I 级重点保护野生植物。为此，中山植物园对中华水韭采取了特殊的保护措施，开始是种植于不对公众开放的区域，后来挪出来几盆，放在蕨类园很不起眼的地方，并不是故意要藏着掖着好东西，除了担心遭到人为破坏之外，更重要的是，中华水韭已经很难在没有经过处理的南京市的自然环境里长期存活了……

　　说到这里，你一定很好奇如此"脆弱"的生灵到底长什么样？玲珑剔透巧精致？弱柳扶风身单薄？但事实可能要令人失望了。正如"水韭"这个名字所给出的提示那样，它就是活脱脱的一大把韭菜，无论个头、形状，还是颜色，横过来看，竖过来看，怎么看怎么像韭菜，说成是杂草也没什么不妥，既不精致，也不孱弱，唯一和韭菜不同的是，它生活在水中，是"水中的韭菜"，说它是最低调的濒危植物，恐怕没什么争议。

可如果事物都和表面上看起来的一样，那么世界也就失去了趣味，就是有一帮人愿意耐着性子，琢磨别人不在意的东西，给自己找麻烦，把日子过出了花儿。把心思放在植物上的这群人，就成了植物学家，他们发现相貌普通的水韭有着非常独特的地方。

中华水韭是蕨类植物，这类植物最大的特点之一，就是靠产生孢子来繁殖，而不是我们常见的种子。中华水韭是很有策略的，把自己的宝贝孢子，藏在叶子基部，膨大的叶基，像一把小汤匙，"汤匙"内藏有密密麻麻的孢子囊群，真是玄机暗藏啊。外侧叶片的"汤匙"里，藏有大孢子囊，这些白色的小颗粒，将来会发育出雌配子体，产生卵子；而内侧叶片的"汤匙"里，则藏有灰色粉质的小孢子囊，将来会发育出雄配子体，并产生精子。雌雄配子体都极其微小，雄配子体只由 6 个细胞组成，直径 30 微米左右，寿命只有 15 ～ 30 天，只产生 4 个无任何保护结构的游动精子，精子自带多条鞭毛"推进器"，只有借助水流，游入雌配子体内才可能完成受精，因此栖息地的水体环境，直接影响着它的生殖。

叶片上部也不同寻常，它有一根中肋，那是维管束，围绕着中肋有 4 个纵行气道，并由横隔膜将气道分隔成多个气室，看起来好似一个个小窗格，这样一来即使泡在水里，通气也毫不费力了，真是高妙的设计啊。

成熟的中华水韭，有近百条浅棕色的管状根，每条根都有多回二歧分枝，也就是说每次分叉都一分为二，每个分枝处都有由 2 ～ 3 层细胞组成的永久性横隔，这些横隔是古生态的高能环境所造成的适应性结构。这种根系的二歧发育模式，远比种子植物侧根的内起源模式原始，生理代谢能力也比被子植物低下，通常的氮、磷浓度就足以破坏叶片保护酶活性的平衡，造成叶片的生理损伤。

中华水韭的结构特点，决定了它的一生都离不开水，而且是比较干净或者是流动的水。可是多年来，逐年增加的化肥和除草剂使用量，导致水体 pH 和电导率急剧变化、富营养化加速、污染物增加，这对湿地精灵中华水韭来说是致命的。目前普遍认为，受精与生殖生态的矛盾，是造成中华水韭濒危的自身原因，而耕作、工业生产等造成的水体污染，现代农业所带来的杂草与水韭间的竞争关系，是更加主要的人为因素。

叶片的有多个气室

浅棕色的管状根

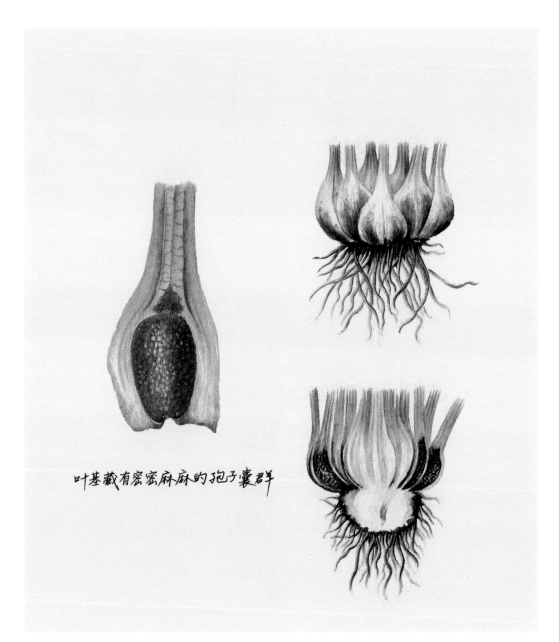

叶基藏有密密麻麻的孢子囊群

水是生命之源，对水韭这一经过第四纪冰川后残存下来的"活化石"来说，合适的水生环境更是命脉。不幸的是，中华水韭生错了地方，它栖身的长江中下游流域和钱塘江流域的沼泽和淤泥，正被迅速蚕食。在江浙沪，要找一座没有被开发过的山头，一条没有被干扰过的河沟，谈何容易啊，世外桃源是不存在的。不是中华水韭要得多，而是在发展的浪潮下，这片鱼米丰美之地，能匀出给它的空间太少了……

中华水韭的模式标本是几十年前在南京采集的，如今，南京境内的中华水韭天然居群已销声匿迹，在其他地区的分布范围也急剧缩小。现在，中华水韭仅少量分布于江苏南京市，安徽休宁县、黄山市屯溪区和当涂县，浙江杭州市、诸暨市、建德市及丽水市等地。全球范围的水韭种群数量都在缩减，中国境内的水韭属植物全线告急。

中华水韭在江浙沪一带经历了3亿年的生态演化，却在短短30年间濒临灭绝，生命脆弱起来如一根游丝。我们在经济建设的大路上高歌猛进，并没有仔细掂量过付出的代价，我们都明白伤害环境最终伤害的还是人类自己，可是又总侥幸地认为，前一个"伤害"和后一个"伤害"间还相去甚远。

每一个物种都好比一本书，它既是一本历史书，记载着时空变化的进程和事件，解释了我们从哪里来的问题，比如通过基因可以推测系统发育树；也是一本艺术书，给予我们爱与美的启示，比如睡莲之于莫奈，和被他感染的人。它既是一本数学书，自然的设计套用了很多公式，比如采用菲波那切数列确定的松果种鳞排列；也是一本药典，提供给我们战胜病魔的武器，比如青蒿素之于疟疾……可是我们还没太学会阅读呢，就打算先把书扔了，你说，这是不是痛心疾首？

中华猕猴桃 *Actinidia chinensis*

我并非无知无虑，只是时机未到，我的情趣不在洼地，我的志向在五湖四海。

中华猕猴桃　志在四海

　　记得小时候第一次见到猕猴桃时的情景，一个个圆溜溜毛茸茸的褐色果子，齐齐整整地码放在量身定做的格子里，仿佛是为了让这种规整，上升成为某种礼仪，在每个果子同样的位置，都贴着一枚椭圆形的商标贴纸，上面写着"Zespri"，这副煞有介事的包装，即使是幼小的孩子，也识得这是上等的果品。家人告诉我，这是富含维生素C的"果中之王"，是新西兰的"奇异果"，这又"奇异"又"王"的，给其貌不扬的果子披上了神秘的光环。有了光环加持，那一盒酸酸甜甜的奇异果，给我带来了近乎神圣的无穷回味。

　　后来我才知道，"奇异果"一名，来自于"Kiwi fruit"的音译，并不是说果实本身有奇异的效果，而"Kiwi"实际上是一种新西兰当地不会飞的鸟，大概新西兰人认为它茸茸的外表酷似毛鸟，故而得名，而新西兰人也经常自称为"Kiwi"人。再到后来，我才知道真相，这种"洋盘水果"的学名是中华猕猴桃（*Actinidia chinensis*），通过chinensis 这个词便可窥见，它是不折不扣的国货，原产于我国长江流域一带，又称羊桃。

　　不管你信或不信，新西兰的种植者大约是在 1905 年，才将猕猴桃作为一种观赏藤本，从我国秦巴山区引种。在此前，猕猴桃一直在深山里自行繁衍，而国人只是把它当作儿童零食或妇女分娩后的补品，从来没有真正将其视为水果。经过新西兰人的育种和改良，猕猴桃的口感品质不断优化，借助美国 20 世纪 70 年代出现的饮食运动，猕猴桃受到了人们普遍的喜爱，发展出许多品种，成就了价值可观的猕猴桃产业，这是个墙内开花墙外香的故事。

如今，国内猕猴桃产业发展迅速，经过几十年的奋起直追，我国猕猴桃产业与世界的差距在逐渐缩小。2009年，中国猕猴桃总产量已经上升到世界第二，而种植面积已经跃居世界第一，我们也有很多猕猴桃研究中心，如今很多国产猕猴桃品种的品质更是优于新西兰。如今从种质资源收集和利用的角度出发，人们加强了对中华猕猴桃野生居群的保护。

可能你已经知道猕猴桃是长在藤子上的，但你未必知道它的花儿是分雌雄的。在蔷薇园的廊架上，可以找到中华猕猴桃，藤蔓粗而厉，叶片阔而薄，仲春开花，夏末结实。花儿初放时白色，之后渐渐转为乳黄色，有淡淡的香味。中华猕猴桃雌雄异株，所以种植猕猴桃是非常辛苦的工作，需要人工对雌猕猴桃花进行授粉。当然偷懒也是可以结实的，只是随机完成的授粉，结果不一定丰饶，品质也没有保证。可能由于观察中华猕猴桃需要仰视藤架，逆光看去，花儿的黄白和叶的黄绿，透着馨香水润的暖，开花不显眼，但是看着叫人舒服。到了结果的时候，憨态可掬的果实沉甸甸地坠着，有草鸡蛋那么大个头，猕猴桃属是个大家族，有50多个种，并不是所有猕猴桃的果实都是被毛的，有的非常光滑，中华猕猴桃的果实是本属植物中最大的，原种比市面上售卖的品种更多毛一些，像是反穿着野山羊的皮，或许这就是它被唤作羊桃的原因吧。

猕猴桃的味道被描述为草莓、香蕉、菠萝三者的混合，果真非常贴切。蔷薇园里这株猕猴桃的味道，我始终没有尝过，一来因为结实不多，不忍将其摘取，二来因为挂在藤架上的定未熟透，又未曾巧遇掉落地上的熟果，算是留一个念想，每年都去看看它。猕猴桃除了含有丰富的维生素C之外，还含有猕猴桃碱、单宁果胶等有机物，以及钙、钾、锌等微量元素和，生津润燥、美容养颜。

藤蔓粗而厉，叶片阔而薄

花心初放时白色，之后转为乳黄色，有淡淡的香味

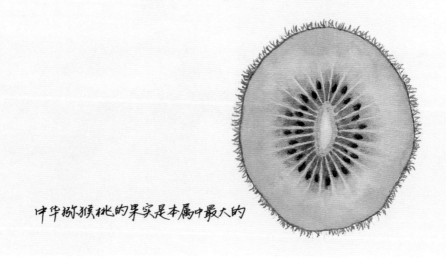

中华猕猴桃的果实是本属中最大的

查到最早对猕猴桃的记载，是一首意境悠远的诗歌，出现在先秦时期的《诗经·国风·桧风·隰（xí）有苌楚》：

隰有苌楚，猗傩其枝。夭之沃沃，乐子之无知。

隰有苌楚，猗傩其华。夭之沃沃，乐子之无家。

隰有苌楚，猗傩其实。夭之沃沃，乐子之无室。

苌楚是猕猴桃的古称，译文如下：

洼地有猕猴桃，枝头迎风摆。柔嫩又光润，羡慕你无知好自在！

洼地有猕猴桃，花艳枝婀娜。柔嫩又光润，羡慕你无家好快乐！

洼地有猕猴桃，果随枝儿摇。柔嫩又光润，羡慕你无室好逍遥！

诗文的字面意思并不复杂隐微，诗人羡慕猕猴桃生机勃发，无忧虑、无室家之累，相比之下，更突显自身无法超越的精神藩篱。历代文人对它的解读，或是国人疾君，或是社会乱离，或是嗟老伤生，或是爱而不得……无论是何种情思，猕猴桃是寄托的对象。如果那时猕猴桃就被当作上好的果品来栽培，如果诗人知道，有朝一日这眼前的藤子会成为驰名中外的果王，大概没有多少时间来伤春悲秋吧，豪啖香软果肉的爽快，才是条件反射式的联想。诗人企羡猕猴桃无知无虑，猕猴桃却要说，我并非无知无虑，只是时机未到，我的情趣不在洼地，我的志向在五湖四海。

银杏 *Ginkgo biloba*

满树金黄色的叶片，在一碧如洗的苍穹下，伴随着微风闪动着耀眼的光，这光翩然落下，躺在地上，变成了金色的毯。

银杏　古老的智者

一进南京中山植物园大门，迎接游人的便是银杏（*Ginkgo biloba*）大道，道路两侧齐刷刷地站着笔直的银杏，大道约莫有 100 米长，而道路尽头开阔的草坪上，便坐落着孙中山先生的雕像。走在银杏大道中央，望向草坪和雕像的这个景观，几乎是中山植物园里最具代表性的一处了。

银杏大道，多美的一条路啊，它不仅仅是一条路，还是一条有生命力的画廊！春天，嫩绿的叶芽在不经意间挤满枝头，好像小姑娘头顶的发揪揪，娇俏可爱；接着，叶芽密密层层地舒展开来，成了一把把小扇子，随后，扇骨越来越硬，扇面越来越宽，日益积聚着能量。雄树开出疏松下垂的柔荑花序，由绿渐黄；雌树开出雌球花，形似狗狗爱啃的大骨头。春天的银杏是惹人怜爱的淡绿，那是浅铬黄搭配天蓝。

到了夏季，一簇簇扇形的叶子，绵厚而内存骨力，扇动夏天的风。银杏枝条开展潇洒，雌株尤甚，浓荫之下，躲避骄阳，顿生清凉。夏天的银杏是生机勃发的浓绿，那是柠檬黄搭配法国钴蓝。

金秋十月白果熟了，沉甸甸压弯了枝条，每天清晨银杏树下总会有几位低头捡白果的阿姨。秋意渐浓，怕冷的叶绿素渐渐消散，黄色沿着平行的叶脉，从叶缘向基部蔓延开来，到了十一月中旬深秋时分，叶片全黄，银杏最美的时候到了！满树金黄色的叶片，在一碧如洗的苍穹下，伴随着微风闪动着耀眼的光，这光翩然落下，躺在地上，变成了金色的毯，怕是最匆忙的赶路人，也不会将这景色忽略吧。秋天的银杏是恣意挥洒的金色，顺从着阳光的裹挟，是大自然绚丽浓烈的油画。

冬天，银杏落尽叶片，露出它灰褐色、深纵裂的树皮。银杏的短枝接近轮生，上面还能看到密密的叶痕，因此即使在冬季，银杏也很有辨识度。光秃秃的树枝，是为了把路面让给冬日里宝贵的阳光。冬天的银杏是构图中的线条，把视线引向它身上的雪。

除了植物园，许多城市里都有美丽的银杏路。即使是普通人也大多是认得银杏树的，可能是因为它奇特的扇形叶子，在植物界里堪称独一无二；而就算是不认得银杏的人，也至少知道白果、炒白果、白果粥……就算对不上哪种树，在餐桌上总是见过的。白果敛肺定喘、止带缩尿，是妥妥当当的药食同源佳品。传说古代举子进京赶考，多自带烤熟的白果，应试期间间隔取食，可减少小便频次，有利于集中精力答卷。

除了出产干果，银杏浑身是宝，其叶、种子、木材可综合利用，从而获得可观的经济效益。它是优秀的木材，纹理直、耐腐蚀。古代皇帝的龙椅、大臣手执的朝笏、各种匾额、寺庙里的木鱼均为银杏木制成。银杏叶也是一宝，具有很高的药用价值，银杏叶中的黄酮类化合物具有广泛的药理活性，是医药保健行业重要的原料。银杏叶在治疗心脑血管疾病中，具有很好的功效，此外，银杏叶枕头对失眠、头晕、多梦等也有良好的保健效果。

银杏的生命力很强，极少见自然死亡，也很少感染毁灭性的病虫害，在遭受核爆炸的广岛，银杏是最先恢复萌芽的植物。银杏享有"长寿树"之美誉，寿命可达 3500 年之久，且树龄不论是数百年，还是上千年，多能开花结果。银杏生长得不快，公公栽树，孙儿才能吃到果实，所以又被称为公孙树。

俗话说有用就是福。也许因为这一身的宝贝，中国人视银杏为福树。从古至今，中华大地上广植银杏，除了作为行道树，它还经常被栽植在宅院、祠堂、园林和寺庙。前不久西安终南山古观音禅寺里，一棵 1400 余年寿命的古银杏上了热搜，据说是李世民的手植树。是否为李世民手植不知真假，但那张满地金黄色银杏叶的照片，着实惊艳，一树擎天，繁华落尽，忽惊天地，没有什么比这更能彰显一个古刹的历史感和庄严感了。这些古老的银杏，俨然是天地间的灵物，或许更能让人们感受到人类的渺小和佛法的深不可测吧。银杏是具有浓厚人文色彩的。

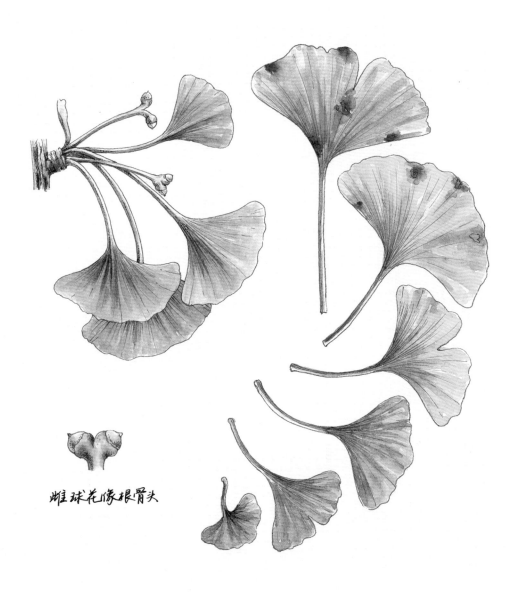

雌球花像根骨头

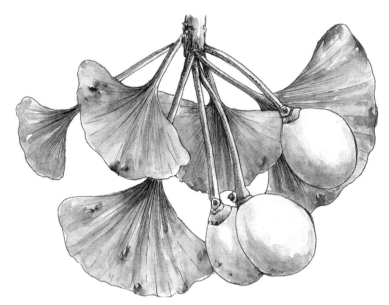

金秋十月白果熟了，沉甸甸压弯了枝条

　　银杏如此稀松平常，如此贴近生活，你可能无论如何也不会相信它是正宗的稀有植物，被《世界自然保护联盟（IUCN）濒危物种红色名录》列为濒危等级，是国家 I 级重点保护野生植物，中国特有植物。这要从银杏不凡的经历说起。在植物分类上，它是独特的一个分支，没有任何跟它接近的亲戚了。银杏是中生代的子遗植物，是沧海桑田运动的幸运儿，而帮助它躲过世事变迁的恰好适宜的小环境便是我国，世界上其他国家种植的银杏，都是从我国引种过去的，目前我国仅浙江天目山一带有野生银杏分布，或许银杏曾经有亲戚，但是它们没有这么好的运气。虽然通过人类对银杏的栽培利用，它早已摆脱了濒临灭绝的困境，但是从基因的角度上看，银杏是极其特殊而珍贵的。因为这样过硬的背景，把银杏当作中国的国树，恰如其分，《中国植物志》、南京中山植物园把银杏叶片作为标志性的图案，也是再合适不过了。

走在银杏大道上，我看到一个两三岁大的孩子，小小的身体蹲在成片的银杏落叶里，他抓起一把把金黄色的叶子往天上胡乱地撒，满心欢喜地感受着落叶雨拍在小脸蛋上。这一幕深深印在我的脑海里，我常常想，是什么样的机缘巧合，才让我们现代人还能看到和恐龙一个时代的银杏，还能得到它的恩惠。它像一位老者，带着一身仆仆风尘，从远古的时间里走来，精神矍铄地活着，散发着无尽的生命力，还将继续走进更远的未来……因为古老，所以像神，大概是因为银杏看到过太多的生生灭灭了吧，它谦逊平和，凝结了一身宠辱不惊的智慧。与其说银杏服务于人类，不如说人类还有太多需要向老者请教，或许这是任何一个普通人可以从银杏那里得到的启迪，也是植物研究者的使命。不远处矗立着的孙中山先生的雕像，注视着这一切，他那无比深邃的眼神穿过银杏大道，穿过前湖和明城墙，望向更深的时空里去……

白果

连香树 *Cercidiphyllum japonicum*
深居简出闲且僻，
独树一帜秀而佳。

连香树　不可复制的风景

　　每个人的脸上都长着眉毛、眼睛、鼻子、嘴巴，但无论如何也找不到完全相同的两张面孔。遵守着类似的规则，长着同样结构的不同植物，总会在细微之处，显现差别。如果说根、茎、枝干是植物的肌骨，叶片是它的发肤，花、果、种子是它的灵魂，那么这三者纷繁复杂的表现形式，和三者间层出不穷的组合方案，塑造了一个个植物物种鲜明的个性。在众多植物形象中，有这么一种特立独行的高大乔木，它有着潇洒挺拔的身板，柔滑细腻的发肤，和浪漫多情的灵魂；它从远古走来，准备好了一切，等着你的一颗为之倾倒的；它以一己之躯，成就了一道不可复制的风景，它就是单科单属的孑遗植物——连香树（*Cercidiphyllum japonicum*）。

　　单科单属是指在植物分类学上，连香树科旗下仅有一个属，即连香树属，该属旗下只有两种植物，一种是分布在我国的连香树，另一种是大叶连香树（*Cercidiphyllum magnificum*），分布在日本。连香树在这颗星球上已存在了千百万年，白垩纪、古近纪和新近纪时期，它曾广布北半球，但在遭遇第四纪冰川期后，分布区就急剧缩小了，但幸运地活了下来，称为东亚孑遗植物。如今，在我国它零星分布于皖、浙、赣、鄂、川、陕、甘、豫及晋东南地区，被列入国家Ⅱ级重点保护野生植物。这一方面说明了连香树的独特，另一方面也体现出它的孤单，甚至还带有一丝悲凉。好在如今连香树已被人类认识和利用，这一行为像是催化剂，帮助着它重整旗鼓，踏上发展和变化之路。

叶片是极简的，从远处看就像一个圆

雄花的花丝细长，因为原始而结构简单

连香树的果实类似豆角

连香树的叶片是极简的，流畅的线条从远处瞧就像一个圆，细看在叶柄处有个凹陷，有的叶片稍尖，就形成了一颗鼓鼓的爱心。胖乎乎的叶形，加上它柔软的质地，呈现出浑然天成的可爱感。它细而光滑的叶柄，郑重其事地托举着叶片，使它们在枝条上两两相对地耷拉下来。连香树还是极好的彩叶树种，嫩绿、翠绿、明黄、火红，都是它展现对季节敏锐感知力的绝好方式。连香树一般能长到 10 ～ 20 米，少数可以高达 40 米，身材高大、体型舒展、叶片稠密、寿命长，这些素质都表明它是景观配置的优良材料。

连香树的花也是极简的，因为原始而结构简单，它雌雄异株，雌花和雄花都生于叶腋，都没有艳丽的花被或花瓣之类用于招蜂引蝶的结构。雄花 4 朵丛生，花丝细长，红色的花药呈条形，雌花 2 ～ 8 朵丛生，花柱紫红色。极简并不意味着缺乏表现力，每逢花期，雄花的花丝聚集在一起，染出一树火红，很是震撼。连香树果实的形状类似豆角，种子极其细小，是个扁平的四角形，但是从小处尤可窥见它浪漫的构思，种子先端有透明的翅，它一般两年结果一次，九十月份，当果实成熟开裂，这些长着翅膀的小精灵们，就会随着风，盈盈地飘散开去。

除了用于观赏，连香树还有其他用途，它的树皮树叶含有鞣质，可提制栲胶，叶片中含有的麦芽醇，常被用作香味增强剂；它的木材纹理通直，质地坚硬，是建筑、家具、雕刻等的理想用材，可以制作小提琴和实木家具。这好看又好用的连香树，像是遗落人间的宝物。

为了利用，人们加大了对它的栽培繁殖力度，但是这不能转变连香树野生资源稀少的事实，在它的产地，大树、老树很少。连香树的结实率不算低，但是种子自然萌发困难，一棵胸径 55 厘米的连香树，年均可以生产种子 12 万粒之多，但出苗偶见，一年生幼苗更是极其罕见。12 万粒的投入，却没有相匹配的产出，辛辛苦苦一场，无奈一声叹息。近年来生境片断化加剧，进一步减少了连香树的种子产量，也降低了种子质量，野生连香树处境堪忧。

物种保护的目标，应当是尽可能地保存物种现有的遗传变异，从这个角度看，保护连香树这道不可复制的风景，仍是一项紧迫而任重道远的工作。

榧树 *Torreya grandis*
"初按玄壳出冰霜，小嚼清香泛窗几。" ——答人寄榧诗

榧树　一棵树的清甜

　　香榧是一种著名的干果,你可吃过?它是我国特有的珍稀经济树种榧树(*Torreya grandis*)的种子,更确切地说,是人们选育出的榧树栽培品种香榧(*Torreya grandis* 'Merrillii')的种子。榧树是红豆杉科的裸子植物,它的种子和松子接近但不同,上好的香榧大如橄榄,壳色紫褐,果仁金黄,壳薄而脆,肉满。它的味道清甜,一口爽脆地咬下去,能品尝到馥郁的油脂和森林的气息,好像在用味蕾解读一棵杉树。

　　对于味道的体验就像审美一样,环肥燕瘦各有所爱。可能不是所有人都喜欢吃榧树的种子,但它药食兼用的功效是毋庸置疑的,榧树的种子具有润泽肌肤、延缓衰老等功效。早在东汉年间,人们就拿榧实(榧树种子)入药了。《本草再新》记载榧实能治肺火,健脾土。现代研究发现榧树种仁含有丰富的油脂、蛋白质和矿物质,其脂肪酸以亚油酸和油酸为主,不饱和脂肪酸占到脂肪酸总量的79%以上,可以榨油,是既美味又营养的干果。

　　榧树在地质史上曾有广泛的分布,它的化石分布在欧洲、北美和东亚的地层中,由于新近纪和第四纪气候变冷,榧树从其他地区消失了,仅在我国呈零星状残存于武夷山、黄山、天目山、会稽山等山系和丘陵地带。山区复杂的地形地貌和湿润的气候,为它提供了避难所,使榧树成了我国特有的孑遗植物,由于野生资源十分有限,它被列为国家Ⅱ级重点保护野生植物。榧树的资源分布不均,以浙江和安徽最多,榧实的品质,当然

叶背有两条清晰的气孔带

雄球花花枝

也是以这两个产地的为佳，由于树种珍贵，加上人工采摘和炒制工序的烦琐，香榧价格不菲。

榧实做干果食用，始于晚唐，在宋代逐步流行起来，苏轼在杭州任职期间，注意到了榧实的品质，写过一首诗《送郑户曹赋席上果得榧子》，从口感上升到了品德的高度，由外而内把这种小干果好好夸赞了一通"祝君如此果，德膏以自泽"，顺便也把榧树咏叹了一番"愿君如此木，凛凛傲霜雪"，不知道是不是因为苏轼的"网红"效应，在宋朝拉动了榧实的消费，并逐渐推广开去。

苏轼说得不错，那些礼赞松柏品德的诗句，用在榧树身上也是合适的。榧树是雌雄异株的常绿乔木，它有不畏逆境的坚贞，有傲骨峥嵘的优美，树形好、生长慢、寿命长，它是优良的观赏树种；条形的叶子在枝上排成两列，叶片质地厚实，深绿而泛着油光，微微拱起，没有中脉，叶尖有些许扎手，把叶子翻过来，可以看到两条清晰的气孔带，这是榧树叶片的识别特征。四月，雄树开出许多淡黄色的雄球花，喜气洋洋的一树；雌树的花很小，直到授粉膨大后才容易观察；果实最初是淡绿色的，成熟时最外层的假种皮变成淡紫褐色，需要把这一层剥除，才能炒制。

榧树的木材堪称上品，它细致坚实，有香气，不开裂，耐水湿，经久不腐，是建筑、造船、家具等的优质木材。集食用、药用、材用和观赏等用途于一身，榧树是具有开发潜力的古老树种，在绿色食品、疾病防治和医疗保健等领域有广泛的应用前景。

不是所有产地的榧实都好吃，听说产于会稽山的最香，还听说吃到好吃的香榧，那股鲜香会让人根本停不下来。九十月份是采收香榧的季节，那之后我总会买一些新上市的香榧解馋，抓一把津津有味地嗑，感觉自己像生活在会稽山脉崇山峻岭间的小松鼠，在云雾笼罩的浓绿之下，在古老的榧树林里纵身、跳跃，收集着一粒又一粒的清甜。

南方红豆杉 *Taxus wallichiana var. mairei*

长风在紫金山头浩荡，
累了，
就躲进林子里休息，
让树梢和山谷接过它的旌旗，
猎猎作响。

南方红豆杉　风择良木栖

假如我是那自由的山风，我不会被任何人追寻，但在我透明的轨迹里，我会为自己选择一个歇脚的地方，那便是属于资深玩家的中山植物园的松柏园。

资深玩家的队伍里有执着的练功人，他们神龙见首不见尾，极早便来到此地练功，没等人群到达，便悄无声息地离开了。还有忠实的羽毛球爱好者，他们可以在杉树林间，恰如其分地找到一方空间，正好能满足羽毛球运动的场地需要。甚至还有"冥想者"，我见过一位腿脚不便的老人家，总是由他人推着轮椅来到此处，在松柏园静坐着，极少言语，大概是在感受这里的光、风，带有松柏味的自然香氛，回首陈年旧事，姑且叫他"冥想者"吧。

还有一些"资深玩家"，也同样看好了这块地方。比如萤火虫，它们在这片潮湿干净的树林里繁衍生息，飞舞的萤火虫点亮松柏园夜晚的深邃，那是属于月光星辰的仲夏夜之梦。当然还有南方红豆杉（*Taxus wallichiana* var. *mairei*），中山植物园的老先生们在 20 世纪 60 年代，引种了 6 棵这种珍贵的野生植物，并让它们安家落户于此，50 年后，这里竟然悄悄发展成了一个有几百株规模的南方红豆杉自然种群，堪称一场奇幻的迁地之旅。

松柏园靠山，那是紫金山的西南麓；这里有水，一条水沟承接着山上流下的清泉；这里有密林里难能可贵的阳光，松柏类植物树干大多通直，树冠呈塔形，成片的松柏类植物种在一起，光影呈现出简约的几何美学，也正因为塔形的树冠，它们很少因为树大，而遮挡周边全部的阳光。加上这里疏密合适的布局，使得松柏园里有通透开阔的地方，也有荫蔽潮湿的空间。神话里讲"天地之精华，日月之灵气"，我不明白那都是什么，但是每次来到松柏园，感到阳刚之气与阴柔之美在这里碰撞，我直觉神话里描述的大概就是类似于此的一个地方。南方红豆杉生长在松柏园潮湿的水沟边，它们的濒危原因是生殖能力弱，适应能力差，以及人类的乱砍滥伐，能在此地繁育出不小的种群，也是借助了这里恰到好处的自然环境。

南方红豆杉的"红豆"，可不是"红豆生南国"说的那种油漆般鲜红的红豆，也不是那种暗红发紫的食用红豆，叫它红豆杉，是因为它的种子外围有一层通红的假种皮，摸上去好似硅胶的质感。说它是假种皮不难理解，南方红豆杉是裸子植物，种子并没有被完全包裹，所以称之为假的种皮。逆光下，这圈假种皮微微透光，其中的类胡萝卜素和黄酮类物质，以及肉肉的质地，共同构成了这颗通透、兼具哑光感的"红豆"。把它称为"红豆"略显委屈，比作红宝石可能更好吧。

这鲜艳夺目的红色种子，引来了鸟类啄食，也帮助了南方红豆杉进行自然传播，然而传播开去却并不一定会子嗣绵延，南方红豆杉的种子具有深休眠的特性，要经过两冬一夏才能萌发。在漫长的深休眠期里，种子可能会因高温多雨或干燥而失去活力，最终能够萌发成苗的十分有限。在人工培育过程中，人们通常会选取健壮的种子，掺进细沙和水，在洗衣板上反复搓洗，播种前还要温汤浸种，打破种子休眠，这样处理后才能获得较高的发芽率。繁殖不易的南方红豆杉，能在松柏园里自然繁衍，实属不易，可见老先生们选址时的良苦用心。

雄球花花枝

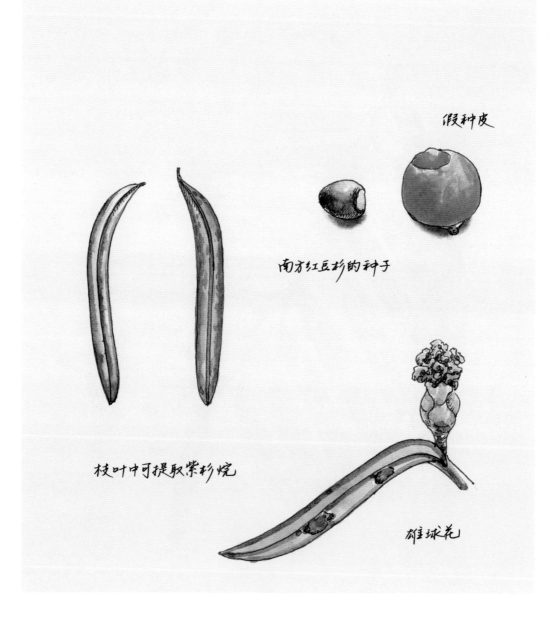

假种皮

南方红豆杉的种子

枝叶中可提取紫杉烷

雄球花

　　南方红豆杉可作木材，是很好的观赏植物，但最出名的属性当是它的抗癌功效。它的根、皮、枝、叶中所含有的抗癌物质紫杉醇，是最具广谱性、强活性的抗癌药物之一。目前紫杉醇的主要来源方式，是从红豆杉属植物的枝叶中提取紫杉烷，再化学半合成紫杉醇，由于产量少，需求高，紫杉醇的价格一直居高不下。南方红豆杉可以救人，而人类又因此一度要将它们赶尽杀绝，这其中的逻辑怕是南方红豆杉所无法理解的吧。

　　阳光聚散，雷音山岚，每一种天气里，松柏园都会有不让人失望的景观。动物、植物和人，以及每一种生态系统里的要素，在这里取得了微妙的平衡。水沟边的南方红豆杉林得到了很好的保护，安宁地仁立着，等待命运新的转机。时间不早了，风一路小跑地赶下坡，打了一个弯儿，掀起枝头的红豆，垂眼睡去。

伯乐树 *Bretschneidera sinensis*

钟萼迷离晓枝卧，
身埋神隐归烟萝。
流光飞转星河曙，
难求伯乐影婆娑。

伯乐树　盼伯乐常有

　　韩愈写"千里马常有，而伯乐不常有"的时候，一定不知道世界上还有一种叫伯乐树（*Bretschneidera sinensis*）的东西，它是一种珍稀植物，一模一样的两个字，竟也是一模一样的不常有。

　　而后一个"伯乐"被人们认知至今，只有一百多年的时间。1901年，英国植物学家赫姆斯利（W. B. Hemsley）根据一份来自中国的标本鉴定出一个新种，它是如此特殊，不属于任何一个已知的科，只好另立门户，单独成科，从此植物学上就多了一个伯乐树科。赫姆斯利给这个新种起了一个"姓"，相当于双命名法中的属名，叫作"Bretschneidera"，是为了纪念一位曾在中国工作的俄国东方学家布莱资奈 (E. V. Bretschneider)，还给它起了一个"名"，相当于双命名法中的种加词，叫作"sinensis"，意为"中国的"。伯乐树确实是只有我国才有的植物，至于它中文名中的"伯乐"二字作何解释，已无从考证，有人猜测是属名的音译，但未免有些牵强，起中文名的老先生是否借鉴了第一个"伯乐"中的某些内涵，埋藏了某种耐人寻味的隐喻？不得而知……

虽然被发现的时间很短，但是伯乐树存在于世上的年头是相当悠久的。它是古北大陆东部的长期居民，目前呈孑遗状态，零星分布在长江以南各省区的低海拔至中海拔的山林地带，现存种群均为小种群，在群落中常以单株的形式出现。随着这些地区生态环境的退化，伯乐树野生资源愈发稀少，种群堪忧，它天然更新困难，结实稀少，种子萌发率低，幼苗成活率低，诸多因素共同将其逼近灭绝，现已被国家列为Ⅰ级重点保护野生植物。

伯乐树起源古老，其系统位置一直备受争议，从最初独立成科，到被子植物种系发生学组第三代（APG Ⅲ）分类法将伯乐树科并入叠珠树科，围绕伯乐树系统发育位置的研究，始终没有停止过。正因为其独特性，伯乐树对研究被子植物的系统发育、古地理学、古气候学以及中亚热带的植物区系等，都有重要的价值，很多谜团尚未解开。

让我们走近伯乐树，细细分辨它那些独特之处。伯乐树是乔木，不开花的时候，看起来很像无患子或者香椿，这类长有羽状复叶的植物，光看叶片是很难区分的。但待到它艳惊四座的花朵出场，就似有光环在树顶笼罩，它高调而娇艳的审美情趣，很符合现代人的口味，又兼具复古而高贵的派头，令人过目难忘。它的总状花序，足足有20～30厘米长，很是显眼地撑出去，花朵像铃铛，又像钟，故它又名钟萼木。花朵的白色中描画着淡粉的细条纹，顶端具有五个齿，像是五枚花瓣，其实那是它的花萼，五齿之下是一个整体。伯乐树这样美艳的花朵造型，一定有其用意，没错，当然就是吸引昆虫前来传粉咯。它的果实是一个褐色的椭圆形小球，有3～5个果瓣，里面的种子是

花萼为一整体，呈钟状，顶端有五个齿

果实

种子

成熟的果实裂开，露出鲜艳的种子，悬在枝头

光看羽状的复叶，很难认出伯乐树

橙红色的，成熟的时候果实裂开，一个个果瓣沉甸甸地垂着，露出那些鲜艳的种子悬在枝头，很是喜气。

伯乐树的独特还在于根，它是一种菌根型木本植物，根尖没有根毛，非常原始，相对而言，其根的吸收能力偏弱，需要共生的菌根菌侵入根表皮，帮助它吸收营养，起到互利互惠的作用。伯乐树的材质优良，幼嫩叶可食，它的叶子和茎皮里含有黑芥子酶，那是一种存在于十字花科植物中的糖蛋白，一些脂肪族硫代葡萄糖苷在黑芥子酶参与下的降解产物，具有抗癌的作用。

伯乐树有太多特殊之处，就像是留给世界的线索，追踪着它们，也许能解释它的生命历程之谜，也许能揭开未知世界的面纱，也许能以出其不意的方式造福于人类。保护好伯乐树，亦是保留住了这些可能，毕竟我们认知它的时间才仅有短短的一个世纪……盼年年岁岁伯乐常有，愿岁岁年年钟萼常在。

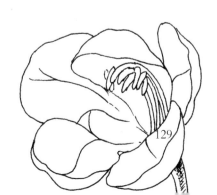

长柄双花木 *Disanthus cercidifolius subsp. longipes*
背对着背的拥抱，不是拥抱彼此，而是拥抱更广阔的世界——那意味着生的可能性。

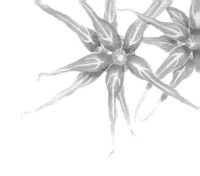

长柄双花木　背对背拥抱

　　那是七千万年前，或者更早以前的事了，你的家族诞生在这颗蓝色的星球上，后来第四纪大冰期，随着寒冷气候带向中低纬度迁移，大量动植物种灭绝，你的家族也遭到重创，但你幸存了下来。直到人们在白垩纪和古近纪的地层里找到那些化石，才重新给你古老的家族以应有的荣光，那是你所属的大名鼎鼎、根底深厚的金缕梅科。

　　你所在的双花木属是金缕梅科最原始、最古老的东亚特产，仅一种和一亚种，那是你隔海相望的日本亲戚和你，你的分布范围确实狭窄，蜗居在江西、湖南和湘粤交界等地的几座山头，族群也人丁稀少，逐步衰退，但你并没有以泪洗面，一蹶不振，也没有顶着国家 II 级重点保护野生植物，或中国特有的头衔开始膨胀。你还是曾经的你，但事实上我们都知道，你举手投足间透露着的不凡，是你流淌着的传承自远古的血液。

　　你也不是曾经的你了，要应付新的历史局面，站在命运的十字路口，是死是活，你掷出了骰子……哦，忘记问问你是否能记得住人类给你起的名字，无论中文名还是拉丁名都有点长——长柄双花木（*Disanthus cercidifolius* subsp. *longipes*）。

　　孑遗植物多半称奇，如果要用一句话来形容长柄双花木的花果，那就是"背对背拥抱"，此外再找不到更恰当的词了。当然这不是我的原创，第一次听到这句歌词的时候，我就琢磨背对背怎么能拥抱呢？用它来形容一段无奈的亲密关系纯属文字游戏。不过倘若见过长柄双花木的花果，你就不会觉得这是个伤心的句子了，它简直充满喜感。

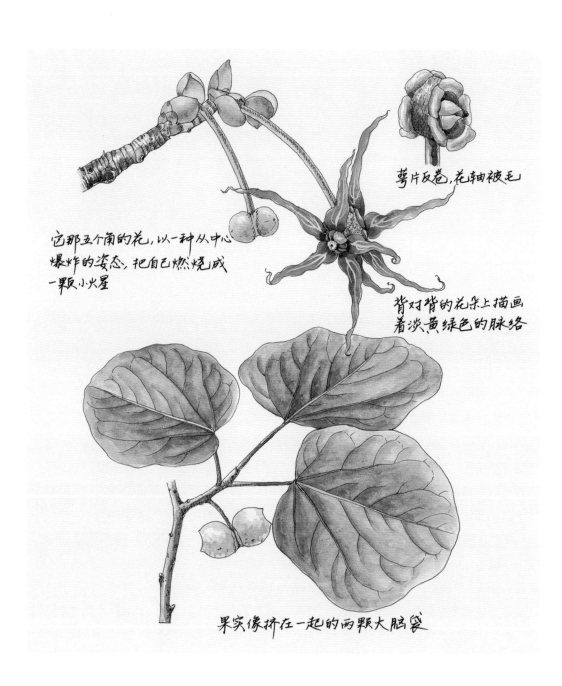

萼片反卷，花轴被毛

它那五个角的花，以一种从中心爆炸的姿态，把自己燃烧成一颗小火星

背对背的花朵上描画着淡黄绿色的脉络

果实像挤在一起的两颗大脑袋

132

它是一种落叶小灌木，叶子是个胖圆的爱心形，由一根纤长的叶柄支撑着，金秋时节，叶片变成瞩目的暗红。它那五个角的花，以一种从中心爆炸开去的姿势，把自己燃烧成了一颗小火星，细长的花瓣是爆炸的轨迹，红艳艳的轨迹在扩张的同时还不忘向上反卷。花朵两两相靠，每一组小火星都朝着相反的方向迸发，背对着背地拥抱，不是拥抱彼此，而是拥抱更广阔的世界。细长的花序柄吊着成双对的小火星，让小可爱们更灵动了，一对对红艳艳的火星，点亮一串串枝头，是准备开一场疯狂的派对，好招待传粉的昆虫吗？那些狭长花瓣的红色中间，描画着淡黄绿色的脉络，是它的文身，让人感到妖冶和辛辣，相当酷。

　　但是花朵的结晶就不走野性路线了，非常可爱，背对背拥抱的果实，像两颗大脑袋，挤在一起，头上两个凸起是它的耳朵吗？它花多果少，自然界中很多这样的情况，倒也不算大碍，可惜的是自然条件下，种子萌发困难，这就令人着急了。

　　形态因需求产生，多半皆如此，胖果实成熟裂开时能产生一股不小的弹力，借由这股力，将黑亮亮的种子发射到它拥抱过的那个世界里去。这种弹射的努力所能到达的传播范围是非常有限的，加上自然居群间彼此孤立，缺乏交流，整个族群的繁衍、扩张非常有限，走上一条越来越窄的路，可能是长柄双花木濒危的根本原因。

　　历史总是惊人得相似，每次大灭绝之后，物种的演化速率就会加快，似乎需要加速伤口愈合来摆脱梦魇，这时物种会朝着不同的方向发展。由于气候和栖息地环境都改变了，因而迅速发展出多样性，变化会让存活的物种族群逐渐隔绝，从而派生出新的物种，这就是演化，有那么一点不破不立的意思。

　　"发展才是硬道理"对于生物界同样适用，没有交流就没有变化，没有变化就没有发展。保护珍稀濒危植物不仅仅是保护个体，更重要的是保护它族群的功能和发展的资本，也就是生的可能性。

福建柏 *Fokienia hodginsii*
嘘，有人来了，身披铠甲的秘境守护人使了一个眼色，议论戛然而止，秘境里一片云淡风轻。

福建柏　秘境守护人

　　在中山植物园的珍稀濒危园里有福建柏。这座园子大概是植物园最偏僻的专类园了，一墙之隔的东面便是明孝陵，在这里找到破碎的城墙砖和琉璃瓦是很正常的事情。珍稀濒危园的入口十分隐蔽，进入它需要绕过几幢房子，跨过一条水沟。普通游客不会留意，或许只有踏寻野趣的人和植物爱好者才会造访，珍稀濒危园常年人迹罕至。

　　正因为此，世界在这里回到了它本来的样子。野花和杂草竞相追逐春色，夏日雨后，浅沟流水汩汩淙淙，绵延成片的中国石蒜在初秋灿若烟花，冬风送来枯叶和泥土混合的味道。这里不是静好的美，而是纯然的野，草木没有一丝杂念地拔节成长。除了植物，我在这里还见过蛇、獐子、白鹭、叫不上名字的奇特的鸟儿、艳丽的虫儿，当然还有无休无止、穷凶极恶的花蚊子……这里斑驳的光影和幽谧的氛围，以及那几分探险的味道，令人臣服。树影婆娑，清风低吟，诉说着山里的事儿，它告诉我这里不属于游客，属于自然本来的主人，这个偏僻的地方宛如秘境。珍稀濒危园里有香果树、蛛网萼、永瓣藤和珙桐等众多珍稀濒危植物，那两株福建柏(*Fokienia hodginsii*)就守护在秘境的入口处。

这两株福建柏并不高大，主干通直圆满，叶色墨绿中带一些蓝，树皮紫褐。要欣赏福建柏，它的叶子是最不容错过的部分，鳞叶外形尖翘，组合成节状，每一节好似铠甲的甲叶，鳞叶逐节相连，形如蝎尾。把叶子翻过来，那白粉带的造型绝对会让第一次见到它的人大吃一惊。白粉带其实是裸子植物的气孔，所以说自然会把彩蛋，藏在有趣的隐秘之处，等待好奇的孩子去发现。身披铠甲威风凛，桀骜不驯气宇轩，这就是我心中的福建柏。现在的科普课堂流行"植物拓印"的游戏，即将新鲜叶片平铺于纸面，用小锤子反复均匀敲打，留下叶片的颜色和形状，呈现印染一般返璞归真的效果。如果让我挑选叶片，我一定会试一试福建柏，看看能否敲打出一条霸气的"蝎尾"。

福建柏的球果也是很有特点的，比大多数柏科植物的球果都大，球果的种鳞顶部呈多角形，表面皱皱缩缩还有点下凹，中间突起一个小尖头，整体是一只精巧又夸张的木球，坚实又强劲，充满张力的样子。大概因为福建柏是特有的单种属古老孑遗植物，所以它浑身散发着狂傲不羁的霸气，从叶片到花果，用上了各种繁复的线条花纹，拒绝普通，刚柔并济。

福建柏主要分布于长江以南，其中，以福建中部分布最多。20 世纪初，一位英国植物分类学家在福建省第一次采到它的标本，将这种植物定名为福建柏（*Fokienia hodginsii*），在它的拉丁学名中，属名 Fokienia 意为在福建发现的，种加词 hodginsii 是用来纪念英国的一位植物学家。像福建柏这样，由外国人发现并定名的中国植物还有很多，近代植物学萌芽后不久，英国商人就开始从我国沿海一些地方收集生物标本了。第二次鸦片战争后，西方人在我国的考察、收集活动达到高峰，各国"植物猎人"在我国

两株福建柏守护在秘境"的入口处

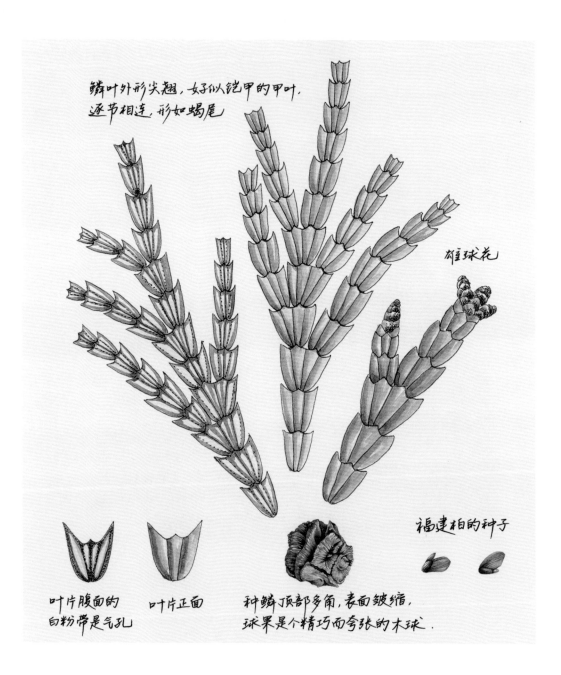

鳞叶外形尖翘，好似铠甲的甲叶，逐节相连，形如蝎尾

雄球花

福建柏的种子

叶片腹面的
白粉带是气孔

叶片正面

种鳞顶部多角，表面皱缩，
球果是个精巧而夸张的木球．

收集了大量花卉资源。不仅如此，我国植物的遗传资源大部分也是在这个时期被列强所攫取，这一行为产生了深远的影响。例如英国人攫取了我们的茶种和制茶技术，在印度等殖民地大肆发扬制茶产业，改变了世界茶业版图，进而改变了世界的经济和政治格局，写到这里不禁扼腕叹息。

福建柏是非常有用的树种，威武如它，从不挑肥拣瘦，在贫瘠的立地条件下，也有良好的表现。因为它不挑，现今人们会把它和许多其他阔叶树木种植在一起，可以保持水土，改善肥力。福建柏的有用还体现在木材上，它的材质轻软、纹理直、结构细、切面光滑、易干燥、耐腐力强，是建筑、家具、细木工、雕刻的优良用材。它的树根、树桩可蒸馏挥发油，成为香料。种子含油率高，可供工业用。

这样有用的植物，着实难以躲过人类的欲望。多年来过度的开发利用，迫使福建柏野生居群惨遭厄运，现残存林分及大树已很罕见。好东西都不会长得太快，野生资源又日渐枯竭，福建柏的天然更新能力较差，已经成为了国家Ⅱ级重点保护野生植物了，好在人们已经开始正视自己的错误，采取了一系列保护措施。

不管是何种原因，沦为珍稀濒危应该都是一种不幸，但在这谢绝打扰的秘境，这些珍稀濒危的植物们惺惺相惜，重新成为自己的主人，应该是一件幸事吧。它们会谈论些什么呢？各自的身世？朝霞与鸟鸣？寒潮或台风？还是明朝的那些事儿？嘘，有人来了，身披铠甲的秘境守护人使了一个眼色，议论戛然而止，秘境里一片云淡风轻。

水杉 *Metasequoia glyptostroboides*

羽毛旋转着离开枝丫的主场，于秋色里荡漾，慵懒与深情，华丽与哀伤，在踏上绒毯的刹那，我便与这种植物产生了连接，脑子里自动响起了一曲手风琴和小提琴的协奏。

水杉　无处不在的几何美学

自然界里很多树木有自成一派的艺术风格，比如气质婉约的柳，"杨柳扶风醉轻烟，秀水流苏知华年"，有柳的地方就有灵秀山水；比如荡涤情怀的松，"应有山神长守护，松风时为扫埃尘"，有松的地方就有逍遥江湖；再比如深谙几何美学的水杉（*Metasequoia glyptostroboides*），"古貌孑遗藏雾海，新姿秀衍噪林泉"，有水杉的地方就有直击心灵的秩序感。

几何结构被广泛应用在古建筑物的审美之中。古埃及文明的巅峰之作，胡夫金字塔是一个简洁的角锥体结构，蕴含大量数字之谜。希腊文明的帕特农神庙，通过遵循黄金分割比例的檐部和立柱，体现了几何模数与视觉矫正创造的建筑奇迹。每种文明发展到后期，都体现出不同的图形与空间偏好，通过几何图案，抽象性的表征被系统化地解读。而在植物中，恰好也有一位精通计算，善于利用几何美学的大师，这就是著名的孑遗植物，杉科水杉属的水杉。

水杉这位艺术大师的第一个设计特点，是追求对称和均衡。摘取一段枝条来端详，细条形的叶片在小枝上两两相对排列，好似一片左右对称的羽毛；这"羽毛"也是根根相对，成对生长在侧枝两边（少数不对生），初生的羽毛嫩绿，到了秋天变黄，再变成铁锈红色。就这个对称的特性，便可以轻松将水杉与和它类似的落羽杉属植物区分开来（落羽杉属植物的叶片通常呈螺旋状或扭转排列，小枝不对生）。这种对称也体现在水杉的球果上，成熟时，它是一个褶皱对称、裂口对称的木质小球。

水杉的第二个设计特点，是追求正直和标准。水杉树干通直，下粗上细，是一根流畅的线条，这种通直轻易便征服了肉眼，就是拿尺子测量也不会有太多偏差。除了线条直以外，水杉还追求树干与地面的垂直，如果只看主干，远远望去，水杉就是一根旗杆般的存在。很难找到树干有明显弯曲的水杉，在不受外力干涉的情况下，水杉定会执着于它内心对于"直"这个标准的坚守。

水杉的第三个设计特点，是圆锥体。在没有旁树并存的情况下，一棵单独的水杉可以长成一个圆锥体，远远看去像一尊宝塔。在中山植物园老温室前的草坪上，就有这么一棵大水杉树，每逢路过，我都会折服于它标准圆锥体的造型，惊叹于这流畅而均匀的线条。走到它的树冠底下去，仰头望进树冠里，视线被它层层叠叠、微微下垂的枝叶包围，一棵树就是一片秘密森林，和一条通往天空的荆棘之路。圆锥体的水杉，如果不会落叶，一定也是制作圣诞树的不二之选。但通常，拥有百年以上树龄的老水杉树，不再保持圆锥体的树冠，这大概是另外的生存故事了。

整齐、平衡、稳定、标准，水杉的美难道不是通过计算推导出来的吗？

中山植物园松柏区的西面，有一片以相等的株距和行距栽种的水杉林。清晨或傍晚，柔和的阳光射进这里，树干林立，体块和谐。水杉的队列将光线切割，营造出逆光下神圣的光影效果，一丝不苟的秩序之美，凝固成震撼心灵的旋律。我最喜欢的，是那里的深秋，细碎的叶片堆积成厚厚的绒毯，踩上去疏松回弹，羽毛旋转着离开枝丫的主场，于秋色里荡漾，慵懒与深情，华丽与哀伤，在踏上绒毯的刹那，我便与这种植物产生了连接，脑子里自动响起了一曲手风琴和小提琴的协奏。无法用清晰的语句来形容这种感觉，总之，在一个干燥的初冬，踩进水杉林的暮色里，或许会改变一整天的心情。

细条形的叶片在小枝上两两对称,好似一片羽毛

球果是褶皱对称,裂口对称的小木球

远望见一棵树冠呈圆锥体的树
没错，那就是水杉了

水杉区别于其他植物的外形特点，与它孑遗植物的背景密不可分。它是冰川期后的孑遗植物，仅分布于我国四川石柱土家族自治县、湖北利川市、湖南西北部龙山县及桑植县等地。1938 年，三木茂博士发现了一种形态奇特的针叶树化石，其外形与已知杉树都不相同，随后他发表论文，认为这是一种已经灭绝的红杉类的植物。1943 年，植物学家王战教授在四川万县磨刀溪（今湖北利川谋道镇）路旁，发现了三棵从未见过、无人认识的奇异树木，其中最大的一棵高达 33 米，胸径 2 米。直到 1948 年，胡先骕和郑万钧两位先生，通过共同研究向世界宣告，这奇异的树木正是化石中的植物野生水杉。这信息如平地惊雷一般震动了世界，胡先骕称，"水杉之发现乃我国植物中最有趣之新发现，其科学重要性不在禄丰龙和北京人之下"；郑万钧则称，"水杉之发现为植物学界近一个世纪中科学最大贡献之一种。"1948 年 3 月 25 日，美国《旧金山纪事报》报道称，"发现活水杉的意义至少等于发现了一头活恐龙"。如今，水杉被《世界自然保护联盟（IUCN）濒危物种红色名录》列为濒危等级，是国家 I 级重点保护野生植物。

康德认为，应当把美学从认识论的范围中排除出去，纳入情感的范围，还认为美与概念无关，与功利目的无关，仅仅涉及愉快与不愉快。几十年来，通过人们的栽培选育，水杉这一对于古植物、古气候、古地理和地质学，以及裸子植物系统发育的研究，均具有重要的意义的古老物种，已经走下神坛，走进了人们的庭前院后，并广泛应用于世界各地。水杉的几何美学进入我们生活的方方面面，并得到越来越多的人的喜爱，从这个角度来看，水杉的几何美学，无疑是很成功的。

金钱松 *Pseudolarix amabilis*

哪怕是同一个人，审美的方式和感受也一直在悄悄改变，说不上来是哪一年、哪一件事情让我们突然看懂了"黑白灰"，值得高兴的是，全部的色彩一直在那里，等待与我们的心灵产生一段契合。

金钱松　介乎雅俗之间

金钱松（*Pseudolarix amabilis*）是园林绿化中常见的植物，和所有松柏类的植物一样，乍一看没有什么吸引人的地方，也开不出美丽的花，只有粗糙的树皮和细密的叶子，难怪视线总会从它们身上一带而过，"就是一棵绿色的松树而已"。曾经我也抱着这样的观点，对松柏类的植物欣赏不来。

小孩子们大多喜欢鲜艳的色彩，而黑白灰，大多属于长大以后的衣橱；美艳的花朵是招人喜欢的门面，而留意松树、柏树的人，大约是走进了门面参观起了内庭。

不能说哪一种审美更高级，有审美力就是自得其乐的事情。随着心智、阅历和境遇的变化，哪怕是同一个人，审美的方式和感受也一直在悄悄改变，说不上来是哪一年、哪一件事情让我们突然看懂了"黑白灰"。值得高兴的是，全部的色彩一直在那里，等待与我们的心灵产生一段契合。色彩如此，再回到植物界，千姿百态的花草树木提供了极其丰富的素材，催化着我们审美变化中的一系列反应。世间的物种不能千篇一律，正

种鳞

果枝

如不能用一条墨线来定义所有的是非曲直，这可能是人类的精神世界需要生物多样性的一种解读吧。

　　金钱松，就是一种特别适合细细把玩的审美材料。有人对这种高大乔木爱意切切，不惜费尽周折地把它拗成盆景，搬进室内，时时把玩。不得不叹服这些匠人眼光独到，一方金钱松盆景就是一处缩微森林。它的叶子簇生呈圆形，有如铜钱，叶片纤纤，条形似烟花，或下垂或偾张，挤挤挨挨，填满空间，单株或者几株就非常丰满了，在细腻精致的基调里，积蓄着勃发之势，像自带负离子的森林，让人心定神清。如果搭配些山石苔藓，将盆土营造出高低错落，再添加些水体，更是得古雅之气，小巧的身材中见天地大观，这是我喜欢它的原因。

在众多盆景中，金钱松盆景比其他针叶树的盆景温柔，比阔叶树的盆景秀气，是个性非常鲜明的。

居室里摆放金钱松盆景，据说可以改善环境、挡煞招财，我猜测其中原因一定是与它名字里的"金钱"二字有关，不仅圆盘形的叶子像钱币，它深秋时的叶色也是金灿灿的。我看过一则黄金广告，身着大红色缎面礼服的美人，戴着粗而沉的24K黄金首饰，站在金钱松下莞尔一笑。她的面前是向下延伸的几簇金黄色的金钱松枝，大红、缎面、黄金和金钱松一起，闪着贵气逼人的光，混合着一股钱的味道，冲击着视觉，是美是俗，见仁见智了。那么多植物叶色金黄，可只有一种叫"金钱"啊，拍广告的人一定这么想的。

在树木园的特稀危区有一大片金钱松，紧挨着路边。春天，金钱松林中充满了醉人的嫩绿，细碎而灵动。我常常抚摸着它细弱的新叶，盯着那绿色看，看进绿色里面去，感觉自己眼睛都被洗过了，在发亮。用相机拍下来，输入电脑当作桌面，天天看着，美滋滋的。

精巧的球果

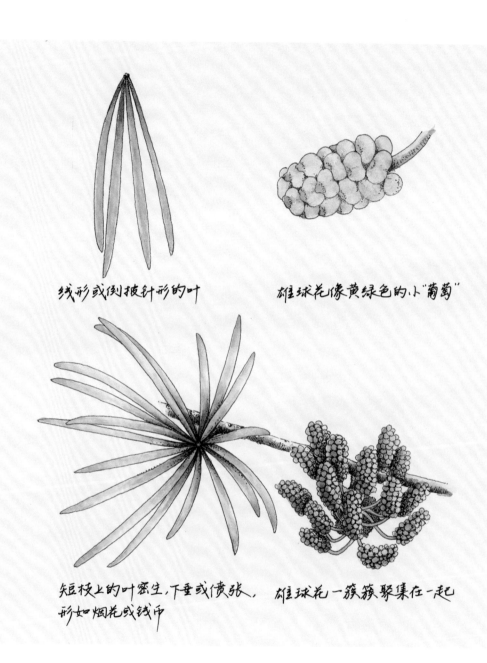

线形或倒披针形的叶

雄球花像黄绿色的小"葡萄"

短枝上的叶密生,下垂或偾张,
形如烟花或钱币

雄球花一簇簇聚集在一起

金钱松雌雄同株，但并不是每个春天都能见到它开花。雄的比较容易发现，一簇簇聚在一起，顶端坠着黄绿色的"小葡萄"，那就是雄球花了；雌花是紫红色的，很小，至今我都没有观察到，我知道，那是金钱松给未来的我留下的惊喜。

金钱松不是每年都能结果，从我上一次看到它结果至今，已经过去了三年。三年前的五月，在一场风雨之后，地上落满了金钱松没有成熟的球果，远远看去，以为是谁遗落的多肉植物，它浅绿中带有一些白粉的表皮，跟多肉植物很像，还有它精巧的球果，在幼嫩的时候，和玉雕有异曲同工之妙。金钱松结果有明显的间歇性，每隔3～5年才能结果一次，这一地落果，真是好生可惜。

金钱松很有用，它的木材纹理通直，硬度适中，可作建筑、板材、家具、器具及木纤维工业原料等用；它的树皮可以入药，中药名为土荆皮，性味辛、温，有毒，具有杀虫止痒之功效。

既是世界著名的观赏植物，也是古老的孑遗植物，金钱松最早的化石发现于西伯利亚东部与西部的晚白垩纪地层中，曾经在欧洲、亚洲中部、美国西部、中国东北部及日本有分布。由于气候的变迁，各地的金钱松灭绝，只剩下极少数散落在中国长江流域的下游，成为我国仅存的单属单种的特有植物。如今它是国家Ⅱ级重点保护野生植物。由于其植物分类的特殊地位，它也是植物发育研究的一个重要课题。

春天是缕缕烟花垂谢的雅，秋天是滚滚金币灼眼的俗，介乎雅俗之间的金钱松，是个人见人爱的映像，投射出我们自己。我触摸着金钱松，金钱松也在触摸我，我赏的，何尝不是自己的心？我盼的，何尝不是自己的梦？

七叶一枝花 *Paris polyphylla*
良药之痛不如说是人类之痛，像这个星球上正在肆虐的流感。

七叶一枝花　良药之痛

七叶一枝花（*Paris polyphylla*）这个叫人眼前一亮的名字，并不是出自武侠小说，而是指一种百合科重楼属的草本植物。

"七叶一枝花，深山是我家，男的治疮疖，女的治奶花；七叶一枝花，百病一把抓；屋有七叶一枝花，毒蛇不敢进我家。"这是一首云南的采药歌，既押韵又通俗，简直像在逗趣儿，让我立刻想起了皮肤上红肿痒痛的大疙瘩，也就是疮疖——毛囊和皮脂腺的急性化脓，不仅仅针对男人，这种碰不得、挤不得的小毛病，大多数人都会遭遇。从西医的角度来看，得了疮疖是因为细菌感染了皮肤，七叶一枝花能治疗疮疖，因为它抑菌效果不错。

"奶花"就是乳痈，是产妇乳汁排出不畅导致的结脓成痈。七叶一枝花因为其性微寒、味苦，能清热解毒、消肿止痛，正如《本草纲目》中说的那样："痈疽如遇者，一似手拈拿。"作为一味知名良药，以干燥的根茎入药，七叶一枝花的功效甚多。它还有一项看家本事，就是缓解被蛇毒咬伤的症状，著名的季德胜蛇药，就是以七叶一枝花为主要成分研制的。蛇毒本来让人不寒而栗，"屋有七叶一枝花，毒蛇不敢进我家"，这样霸气的歌词，让七叶一枝花在我的心中，从一众绿色植物中脱颖而出，笼罩着金色的光环，散发着一股的仙气。

是的，有些植物就是这么生而不同。所以第一次见到七叶一枝花的情景，让我久久不能平静。七片叶子轮生于茎上，排成一圈，叶柄根部冒出一朵花，顿时就觉得这个起名字的人真是高明，一下就抓住了事物的主要矛盾。叶子有的是七片，也会更少或者更多的；无论叶子，还是花里的各种结构，这种植物都将它们按圈儿排列起来，外圈儿的花被片，像叶子，绿油油地展着；内圈儿的花被片，像丝带，张牙舞爪地伸着；花瓣那

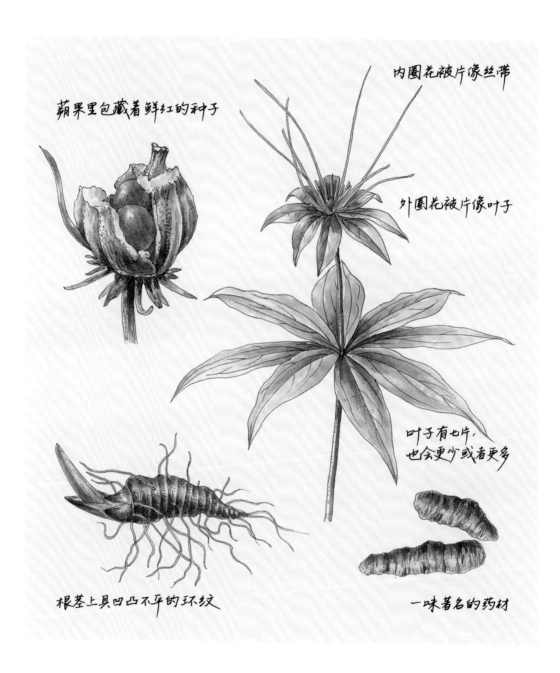

蒴果里包藏着鲜红的种子

内圈花被片像丝带

外圈花被片像叶子

叶子有七片，也会更少或者更多

根茎上具凹凸不平的环纹

一味著名的药材

一圈儿很细小，衬得正中的芯儿很大；成熟时，在深紫色的蒴果里，包藏着鲜红的种子。它的根茎，也就是它的药用部位，是褐色的，粗厚皱缩，具有一节节的凹凸不平的环纹。

林下阴湿处，一缕光，昏黄、微茫，照进七叶一枝花幽深的藏身之所，落在它托举着的黄色雄蕊上，光影精妙，微风恰好。脑子里蹦出一句诗"松桂小菟裘，山扉幽更幽"，没错，就是同一种意境。

七叶一枝花有很多俗名，重楼、蚤休等。我发现一般俗名较多的植物，通常具有比较广泛的分布范围，在我国西南的很多省份都能找到七叶一枝花，它的适应性和生活力不差，但如今七叶一枝花几乎被挖绝种，成了急需保护的野生植物，毕竟它那么好用，毕竟野生的七叶一枝花价格不菲。何止是野外，哪怕是植物园里种植的七叶一枝花，也难逃厄运，不出一周，就被识货的游客"顺"走了。

七叶一枝花被誉为治疗蛇伤痈疽良药，在悠悠千年的使用历史中，因为功效强大，不知道拯救了多少条性命，但可悲的是，也正因为此，如今七叶一枝花要被它拯救过的人类赶尽杀绝。相信人类很快能掌握人工培育七叶一枝花的技术，但只有在自然中进化才是它真正需要的生路，良药之痛在于躲不过的被圈养的命运。

有个词叫作"人类纪"，意思是人类已经成为影响全球地形和地球进化的地质力量的来源。在地表、大气层、土地、植物、海洋、政治冲突、移民和野生动物等领域，处处可见人类的消极影响，而且这些影响将在地层留下长时段的印记。

老子早在春秋时期就写出"道生一，一生二，二生三，三生万物"这样洞悉本源的宇宙生成论，在之后的两千多年里，又有数不清的人类精英，探寻着自然的奥秘、人与自然的关系，但这些努力都无法阻止第六次生物大灭亡的脚步。在人类纪的大背景下，一头是快要变成思想家的环保主义者，喊着"总要有人替自然说话"，而另一头，是不知道自己正在违法的采药人，念着"我只是想养家糊口"。站在不同的立场，当然会有不同的观点，但问题是，占这两头的都是少数，中间那一大块地带里的人们，正沿着惯性向前，好像一切与己无关。也许就像伏尔泰所说：雪崩时，没有一片雪花觉得自己有责任。

良药之痛不如说是人类之痛，像这个星球上正在肆虐的流感。

蛛网萼 *Platycrater arguta*

隐居山水间，
于溪畔舞蹈，你裙摆翩翩。
光影给你上妆，
你灵秀的脸，
梦境或真实，风月难辨。
唯恐丢掉你的甜，
小心将这一刻私藏，
我独一无二的小花仙。

蛛网萼　与君共鸣

在中山植物园里工作近十年，我熟悉很多不为人知的角落，随着对园中一草一木日渐了解，愈发期待人与植物产生共鸣的时刻。植物随着四时变化，兴衰有律，在非栽培条件下，通常每一种植物的最佳表现期，是很短暂的，所谓芳华易逝。如果在合适的时间、环境、天气里，带着正好的心情，巧遇这最佳表现期，那很有可能会促成一番跨越物种的、生命间的对话，一次人与植物的共鸣，这样的时刻是独家收藏，只限于观察者和观察对象之间，好比"小王子和他的玫瑰花"。

我和植物园里的蛛网萼（*Platycrater arguta*）就产生过共鸣。中山植物园的珍稀园，一墙之隔就是明孝陵，那里人迹罕至，百草丰茂，鸟鸣虫喃不绝于耳。在这片乐园深处的小溪旁，长着一丛矮小的灌木，那就是国家Ⅱ级重点保护野生植物蛛网萼。我很早就知道它在那里，但是最初看到它时，它无花无果，只有绿叶，并没有太多惊艳。兴许是长期受到溪水滋润的缘故，那丛蛛网萼青翠欲滴，叶片是椭圆的，柔软如纸，有10余厘米长，两两交互对生，叶片有精细的锯齿和一个娇俏的尾尖，最小的叶脉呈现出稀疏的网状，从背面看更是明显。这颜色、造型和排列方式都令人舒服。蛛网萼生得清秀，它的清秀是水养出来的，它喜欢水，在野外发现的蛛网萼群落，也都生长在溪谷旁，或有水的岩壁上，只有合适的小环境才能让它"水当当"。

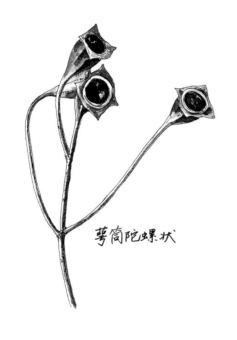

萼筒陀螺状

未开放的花苞像一只麦克风

花萼基部合生,呈碟状,
半透明的纹饰似蛛网

　　有一年七月,我要去珍稀园寻找香果树的花,正值闷热难耐、蚊虫凶猛之际,我穿裹严密,想要速战速决。春秋两季是植物密集开花的时节,盛夏的森林,目光所及之处净是各式样的绿,让人视觉疲劳。我举目四望香果树的花,寻觅不得,不出十分钟,已汗流浃背。最要命的是,穷凶极恶的花蚊子在对我发动围攻,耳边眼前,一架架"轰炸机"叫人心烦意乱。正在我一身黏腻之时,面前突然晃过一个不同的色块,直觉告诉我那里有好东西,我定睛一看,精神振奋!正是那丛蛛网萼,它躲在暗处,悄悄开出极灵秀的花,其精巧程度令人称奇。

　　在同一个花序上,竟有四种截然不同的结构,一种是可孕花,在四枚雪白的花瓣中,挤着一大群淡黄色的雄蕊,雄蕊间还躲着两根细长的花柱,像老式电视机的"天线";一种是未开的花苞,也是白色,陀螺状的花萼筒,令它看起来有点像一只胖乎乎的麦克风;最神奇的是它的不育花,细丝状的花梗,顶着"一碟"基部合生的花萼,由三个花萼组成的"碟子"大致呈三角形,花萼又透又薄,白中带绿,其上有半透明的密集纹饰,像蜘蛛的网，像昆虫的翅，又像镂空的裙，这就是蛛网萼得名的由来，"碟子"中间，盛着一颗"珠子"，这种设计太像工艺品，用来吸引昆虫，实在过于精美，能够增加昆虫的访花频率。蛛网萼的有效传粉昆虫主要有熊蜂、四条蜂和油茶地蜂，我想这几种昆虫一定是很有艺术欣赏力的。最后一种是幼果的雏形，花瓣和雄蕊脱落后，子房部分开始膨大，但"天线"仍然插着，那是宿存的花柱，憨态可掬。

我俯下身去，仔细端详蛛网萼，这是它的最佳表现期，一个花序展现了四个不同的生命瞬间，集纤巧、可爱的构思于一身，多么美好！向我揭示了它选择的进化路线和生存策略，多么奇妙！我完全忘记了闷热潮湿和蚊子大军，要感谢恶劣的环境，因为它凸显出蛛网萼的清新雅致。仿佛蛛网萼在向我吐露真心。那一刻，我顿时理解了它身为蛛网萼，区别于千千万万其他物种的独一无二，我成了这丛蛛网萼的知己，终于有人发现了它的秘密！我很快乐，它肯定也是！像是一股清流冲击着我干热的心，我将这一刻所有的感受收藏，这就是蛛网萼和我之间的共鸣。

植物园里的蛛网萼，只有这么一处，在野外，它的数量也不多，如今只零星分布于华东地区的浙江、江西、安徽、福建等省，以及日本本州、四国和九州，海拔在300～900米的地方。人们通过对群落生态学、地质历史事件和化石资料的研究，推测蛛网萼在第四纪冰川期，选择了中国和日本作为避难所，少量幸存，所以现在它是一种东亚特有的单型属植物，呈日本与我国华东地区间断分布，具有极高的观赏和生态研究价值。

不育花

可孕花

叶片有精细的锯齿
和娇俏的尾尖

在野外，蛛网萼在竞争中处于劣势。它种子繁殖不发达，是一个致命的不足，种子萌发速度慢、发芽率低，对温度、水分的适应范围狭窄，这些综合导致它在自然条件下更新困难，再加上近几十年来人为破坏力度的增加，蛛网萼的资源量锐减。虽然目前蛛网萼现存群体，具有较高的遗传多样性，但是由于群体分化较大，野生群体数量稀少，每个群体，甚至每个个体的消失都可能造成该物种遗传资源不可逆转的丧失。为了避免这种美好物种的灭绝，还需要人类更多、更积极的行动。

人与植物产生共鸣，就像一次深入的交谈，双方达到了相互理解，对于植物来说，因为得到了另一种生物的关注力，而变得更有温度和与众不同；对于人来说，因为向另一种生物注入了同理心，而令自身的内心与外界更加和谐。不一定是珍稀植物，也可以是公园、小区甚至家养的植物，只要有心、用心、对话、聆听，定能找到独家收藏的共鸣，令世界因此而不同。

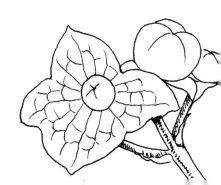

后记

　　植物的保护和动物的保护是不相同的。动物因为会动，与人类更加接近，因而更容易唤起我们内心的同情。植物不仅不动，看起来又好像差不多，感染力小、故事性差，再加上植物的克隆技术比动物成熟得多，因此，相对于珍稀濒危动物的保护，珍稀濒危植物的保护一直处于一种不温不火的状态，能被大众叫出名字的保护植物物种十分有限。总而言之，这些植物和我们有距离感：我们不清楚它们是谁，也不知道它们为何需要保护，更说不清普通大众能做些什么，做了能有多大用处。

　　对于珍稀濒危植物的保护，有人问我，我们普通人能做什么呢？是啊，保护的事情都由专业的人做了呀。我认为对于普通人来说，能有意识是第一重要的，意识到世界上还有这样东西，意识到它们正在灭绝，意识到地球上的生物圈是一个命运共同体，这样的唤起是最重要的。很多时候我们说起环保就是多种树、少开车、不乱扔电池等等，其实这些事只是很小的表现，以意识的唤起为前提，我们才会真正把环境当作自己的家一样来爱护，并发挥出各种各样的主动性。有的人善于把家里收拾的整齐干净，有的人坚持物尽其用的优良传统，有的人是发挥废物利用的高手，有的人在空间收纳或者绿化环境上很有天赋，大多数人对自己的居住环境还是有要求的。环保没有标准动作，更不是环保周、环保日、地球一小时，环保需要的是发自内心的态度，从而影响言行举止的每一处，"热爱"本身就是一种持续的行动力、一种无限的创造力。

　　说到底，积极而谦卑，是一种不错的生活态度。

殷茜

图书在版编目（CIP）数据

遗世独立：珍稀濒危植物手绘观察笔记 / 殷茜著；出离绘 . -- 南京：江苏凤凰科学技术出版社，2019.11
（手绘自然书系）

ISBN 978-7-5713-0429-4

Ⅰ.①遗… Ⅱ.①殷… ②出… Ⅲ.①珍稀植物－濒危植物－中国－图集 Ⅳ.① Q948.52-64

中国版本图书馆 CIP 数据核字（2019）第 119665 号

遗世独立　珍稀濒危植物手绘观察笔记

著　　者	殷　茜
绘　　者	出　离
责任编辑	傅　梅
策划编辑	姚　远
责任校对	杜秋宁
责任监制	刘　钧
出版发行	江苏凤凰科学技术出版社
出版社地址	南京市湖南路 1 号 A 楼，邮编：210009
出版社网址	http://www.pspress.cn
印　　刷	上海雅昌艺术印刷有限公司
开　　本	880mm×1230mm 1/24
印　　张	7.5
插　　页	4
版　　次	2019 年 11 月第 1 版
印　　次	2019 年 11 月第 1 次印刷
标准书号	ISBN 978-7-5713-0429-4
定　　价	72.00 元

图书如有印装质量问题，可向我社出版科调换。